U0317992

水稻卫星遥感不确定性研究

黄敬峰　王秀珍　王福民　著

浙江大学出版社
ZHEJIANG UNIVERSITY PRESS

图书在版编目(CIP)数据

水稻卫星遥感不确定性研究 / 黄敬峰，王秀珍，王福民著.
— 杭州：浙江大学出版社，2013.8
ISBN 978-7-308-11539-1

Ⅰ．①水… Ⅱ．①黄… ②王… ③王… Ⅲ．①水稻—
产量—卫星遥感—研究 Ⅳ．①S511

中国版本图书馆 CIP 数据核字(2013)第 107074 号

地图审核号：浙 S(2013)136 号

水稻卫星遥感不确定性研究
黄敬峰　王秀珍　王福民　著

责任编辑	陈静毅
封面设计	续设计
出版发行	浙江大学出版社
	（杭州天目山路 148 号　邮政编码 310007）
	（网址：http://www.zjupress.com）
排　版	杭州星云光电图文制作工作室
印　刷	浙江印刷集团有限公司
开　本	787mm×1092mm　1/16
印　张	12.5
字　数	304 千
版印次	2013 年 8 月第 1 版　2013 年 8 月第 1 次印刷
书　号	ISBN 978-7-308-11539-1
定　价	98.00 元

版权所有　翻印必究　印装差错　负责调换
浙江大学出版社发行部联系方式　(0571)88925591；http://zjdxcbs.tmall.com

序

我出生在乡村,在我的记忆中,小时候我父母从撒谷子播种、耕田插秧开始直至水稻开花抽穗、成熟的过程中,一直在叨咕当年的收成将是怎样? 这生动地反映了当代面向黄土背朝天的农民们对水稻丰收的期待。但也有几分可怜天下父母心,同情他们对自家水稻田的估产凭的仅仅是经验和一双眼睛。众所周知,至今水稻还是我国的主要农作物,中国是世界上水稻产量最高的国家,基于13多亿人口大国的民生和国际市场的需求,在水稻生长过程中,国家需要事先估产。幸好现在有在几百公里高空的人造卫星中的"千里眼",有卫星遥感系统(RS)、地理信息系统(GIS)和全球定位系统(GPS)三大高新技术支撑,能对全国水稻总产作出估测,已在国家的粮食和国际贸易等重大决策中发挥了可喜的作用。然而估产结果无疑还有很多不确定性,这些不确定性来自"千里眼"——卫星遥感器获取遥感影像质量、数据预处理、水稻多阶段信息提取以及产量估测专题图生成等过程的传递与积累。

一直以来,人们对遥感估产的不确定性研究大都停留在对典型的十分有限的样本,实地调查验证得到一个估产精度,只是作为零散和独立事件来认识和分析不确定性。可喜的是浙江大学黄敬峰教授率领他的团队埋头十几年,不辞劳苦收集海量卫星遥感资料,通过水稻卫星遥感信息提取分区,利用数据挖掘和知识发现的水稻种植面积遥感估算,在水稻主要发育期的遥感估算、水稻主要发育期的遥感识别、水稻产品遥感预测模型研发以及水稻估产遥感系统的建立和试验应用的基础上,一丝不苟地开展水稻遥感估产不确定性的系统研究。由黄敬峰、王秀珍、王福民近期完成的《水稻卫星遥感不确定性研究》一书使水稻遥感估产一直处于有些混沌或模糊边缘的不确定现象在理论和方法层面上有了完整、清晰的认识。在我国水稻遥感技术的发展道路上又跨出了十分可喜的一大步,可歌可贺。

与国内外相关著作和成果相比,该书在以下几个方面很有特色,具有显著进展:①将知识发现的思路和数据挖掘方法引入水稻面积提取,通过分析水稻整个发育期的植被指数特征,提炼出能用于水稻面积提取的知识和规则,并用于大范围水稻面积提取,提高水稻面积提取的科学性、客观性和可重复性;②实现水稻面积遥感提取的不确定性可视化表达,提出利用分类图主图、最大概率值图、熵值图和水稻类概率值图等系列图件表达硬分类法的水稻面积遥感估测结果的不确定性,使得用户不仅可以获得感兴趣地物的分类结果信息,还可以判断分类结果在像元水平的可信度;③利用全局敏感性分析方法,分析水稻叶面积指数(LAI)和叶片氮素含量(NFLV)遥感估算数据误差及耦合时间对水稻生长模型ORYZA2000输出结果的影响;④研发具有自主知识产权的水稻遥感信息提取系统,能够提高数据处理效率,为开展水稻遥感业务服务提供良好基础。

该书是浙江大学农业遥感与信息技术应用研究所继《水稻遥感估产》(王人潮,黄敬峰,2002年,农业出版社)、《水稻高光谱遥感实验研究》(黄敬峰,王福民,王秀珍,2010年,浙江大学出版社)又一本关于水稻遥感研究与应用的专著。著者集众贤之能,承实践之上,总结经验,挥笔习书,言理论、话技术、摆范例。作为一本内容丰富、集系统性与实用性于一体的佳作,该书不仅可为遥感从业者提供重要参考,还可作为农学、摄影测量学和卫星遥感学研究生的有益参考书籍,亦值得我国农业方面相关的专家和政府工作人员一览。

更可喜的是,品读这本专著使我看到了我国年轻一代的遥感科学工作者沿着浙江大学王人潮教授自20世纪70年代创导的农业信息化之路正在茁壮成长,祝贺他们青出于蓝而胜于蓝!

中国工程院院士

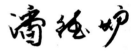

2013年3月

前　言

　　浙江大学农业遥感与信息技术应用研究所最有特色和优势的研究方向——水稻遥感研究与应用,自我的导师王人潮教授在 20 世纪 70 年代末开始进行相关研究以来,已经持续开展了 30 多年。如何深入系统地推进水稻遥感研究与应用,提高水稻遥感信息提取的科学性、准确性、可靠性和稳定性始终是我们奋斗的目标。

　　本书是继 2002 年王人潮教授和我合作出版的专著《水稻遥感估产》以来所做的工作总结。10 多年来,本研究陆续得到国家自然科学基金、国家高技术研究发展计划("863"计划)、国家科技支撑计划等项目的资助,这些课题主要有:国家自然科学基金项目"基于知识发现的水稻种植面积遥感信息智能提取方法研究"(2009—2011 年)、"基于共享数据挖掘的区域水稻生长模拟模型研究"(2009—2011 年)、"水稻种植面积遥感提取的不确定性和误差传递研究"(2012—2015 年);国家"863"项目"稻麦品质遥感监测与预报技术研究"子课题"水稻品质遥感监测研究与应用"(2001—2005 年)、"国家级农情遥感监测与信息服务系统"子课题"水稻长势遥感监测及单产遥感估产模型"(2004—2005 年)、"国家粮食主产区粮食作物种植面积遥感测量与估产业务系统"子课题"水稻长势监测与产量估算统计遥感模型研究"(2006—2010 年)、"全球大宗作物遥感定量监测关键技术"子课题"全球水稻遥感定量监测关键技术"(2012—2014 年);国家科技支撑计划项目"农林气象灾害监测预警与防控关键技术研究"子课题"南方双季稻低温灾害立体监测与动态评估技术研究"(2011—2015 年);高等学校博士学科点专项科研基金项目"稻飞虱东亚迁飞场遥感监测研究"(2011—2013 年);浙江省科技厅配套项目"水稻长势监测与产量估算统计遥感模型研究"(2006—2010 年)。本书是这些项目研究成果的系统总结。

　　在完成以上课题的过程中,多位研究生参与研究并完成学位论文,主要有"水稻参数高光谱反演方法研究及其系统开发和水稻面积遥感提取"(王福民,2007 年)、"水稻遥感估产的不确定性研究"(陈拉,2007 年)、"基于神经网络和支持向量机的水稻遥感信息提取研究"(杨晓华,2007 年)、"利用多时相 MODIS 数据提取中国水稻种植面积和长势信息"(孙华生,2008 年)、"基于统计与 MODIS 数据的水稻遥感估产方法"(彭代亮,2009 年)、"水稻遥感信息提取系统设计与实现"(郭瑞芳,2012 年)。本书是在这些学位论文的基础上,经过加工整理和深化提升撰写而成的。

全书共分9章。第1章根据不确定性和系统论理论,从遥感影像获取的空间分辨率、时间分辨率、波谱分辨率、背景影响,遥感影像预处理的辐射定标、大气校正、几何校正,水稻遥感信息提取的水稻面积提取、单产预报、专题制图等几个方面,详细阐述水稻遥感信息提取中的不确定性问题。第2章分析在进行大范围水稻遥感信息提取时,研究区内的地形地貌、地物结构、大气条件、水稻分布和产量等引起的水稻遥感信息提取的不确定性;根据水稻遥感信息提取的需要,以中国和湖南省作为研究区,研究水稻遥感信息提取分区的思路、方法和指标,并分析分区结果。第3章主要介绍利用 Landsat5 TM 数据,采用最小距离法、后向传播神经网络模型、概率神经网络、支持向量机网络模型等空间数据挖掘方法进行水稻面积遥感估算。结果发现用神经网络和支持向量机等非线性模型方法提取的水稻种植面积精度高于最小距离分类法等统计模型提取的水稻种植面积提取精度。第4章重点介绍基于知识发现的理念,利用地面实测光谱数据和MODIS 数据,分析研究水稻典型发育期光谱特征,凝练出可以用于水稻面积遥感估算的知识,提出基于知识发现的水稻种植面积遥感估算方法与技术路线。然后以我国为研究区,采用 MODIS 数据,制作单季稻、早稻和晚稻的空间分布图,并进行精度验证。第5章介绍利用浙江省典型水稻种植区 TM 影像和模拟影像,采用最大似然法(MLC)、K-最邻近值法(KNN)、后向传播神经网络模型(BPN)以及模糊自适应网络(FUZZY ARTMAP)等分类方法,对各算法单独分类、多种分类算法结合以及全模糊 BP 神经网络分类等不同分类策略的结果进行比较,研究不同方法和策略引起的水稻面积遥感估算的不确定性,分析像元纯度对水稻面积遥感估算的影响,探讨水稻面积遥感估算不确定性的可视化表达方法。第6章阐述采用多时相 MODIS EVI 数据,通过傅立叶和小波低通滤波平滑后,利用转折点法、变化阈值法、最大变化斜率法等确定水稻移栽期、分蘖期、抽穗期和成熟期的思路与方法。第7章在水稻遥感估产分区、水稻面积提取的基础上,利用多时相 MOD09A1 和 MOD13Q1 数据、分县水稻单产和总产数据、湖南调查总队农业处提供的 2006 年和 2007 年早稻、晚稻及单季稻抽样调查地块实割实测标准亩产数据,建立基于多时相 MODIS 数据的水稻总产和单产遥感预报模型,以及基于像元水平 MODIS GPP/NPP 的水稻遥感估产模型。第8章主要介绍水稻生长模型 ORYZA2000 和遥感数据耦合时的多个输入变量的敏感性和模型不确定性,以及 LAI 和 NFLV 两个状态变量作为耦合数据时,其遥感估算误差和耦合数据时间对 ORYZA2000 模型输出的影响。第9章介绍采用 IDL 语言和 ENVI 二次开发技术开发的水稻遥感信息提取系统。该系统根据本研究团队多年来的研究成果,参考国内外有关水稻信息遥感提取方法,设计水稻遥感信息提取数据流程、结构和模块;开发水稻遥感信息提取预处理模块、面积信息提取模块、生育期识别模块、长势监测模块、产量预报模块和结果输出模块;可以提高数据处理速度,实现大面积水稻遥感信息提取。

在本书出版之际,特别感谢潘德炉院士在百忙之中为本书撰写序,衷心感谢王人潮教授审阅了全书并提出宝贵意见。感谢国家农业信息化工程技术研究中心赵春江研究员、王纪华研究员、李存军副研究员、徐新刚副研究员、顾晓鹤副研究员,中国科学院遥感与数字地球研究所吴炳方研究员、刘良云研究员、黄文江研究员,北京师范大学潘耀忠教授、刘绍民教授、朱文泉副教授,浙江省气象局俞善贤研究员、杨忠恩高级工程师、袁德辉工程师、魏平工程师,浙江大学周启发副教授、吴军副教授和浙江大学农业遥感与信息技术应用研究所的各位老师,他们在研究过程中给予了大力的指导、帮助和有益的建议。在实地调查与数据获取过程中,唐延林、程乾、李军、徐俊锋、朱蕾、刘占宇、王渊、易秋香、杨晓华、陈拉、余梓木、金艳、彭代亮、邓睿、王红说、曾彩珍等同学也提供了帮助,特此表示衷心的感谢! 同时,感谢杭州师范大学遥感与地球科学研究院和福建师范大学地理科学学院在经费上的支持。

黄敬峰

2013 年 3 月

目　录

第1章　水稻卫星遥感不确定性分析

　　不确定性作为科学的哲学思想指处于混沌边缘或模糊边缘的现象。混沌边缘指介于有序与无序之间，或有序和无序并存的现象。模糊边缘是指介于清楚与模糊之间，或清楚和模糊并存的现象。不确定性存在于自然科学技术的各个领域，同时存在于社会经济和人文科学的各个领域，世界充满了不确定性。

　　对水稻卫星遥感的不确定性研究目前还是一个全新的课题，本章的主要目的在于，把目前水稻卫星遥感的研究和应用工作对不确定性的零散、独立甚至被忽略的认识和分析，整合为在理论和方法论层面上的一个完整、清晰的系统，引起大家的重视，希望能为今后水稻卫星遥感的不确定性研究和应用抛砖引玉。

1.1　空间信息科学不确定性的概念和研究进展

1.1.1　空间信息科学不确定性的概念

　　对于空间信息科学技术来说，研究方法的正确性和错误性并存，空间数据的正常和异常并存、精确和粗糙并存、高质量和低质量并存都属于不确定性现象，空间数据不可能是全部正确或全部错误的，多数情况是两者并存，但是哪些是正确的、哪些是错误的在未经检验之前是未知的，这就是不确定性(Foody 和 Atkinson，2002)。空间信息科学不确定性的概念具体表现为以下几点：

　　(1)凡是人工模拟的产品，不论是数字模拟还是物理模拟的产品(各种地图、遥感影像、生长模型和拟合公式等)与客观真实世界不可能完全一致，只可能无限逼近；

　　(2)凡是运用仪器对客观真实世界进行测量，所得的数据都存在一定的误差(Error)，或带有一定的噪声(Noise)；

　　(3)在不同的时间、空间或者应用不同的辐射分辨率对同一个客观事物进行观测所得到的结果往往是不一致的，"一种尺度，一个世界"，具有明显的不确定性；

　　(4)对于不同的研究对象，不同研究目的要求的数据精度是不同的；

　　(5)对于研究对象的规律的认识是一个漫长的逐步深化的过程，也是逐步减少不确定性的过程；

　　(6)研究对象间的过渡往往是连续变化的，没有明显边界。

1.1.2　空间信息科学不确定性的研究进展

　　在空间信息科学中，不同学者使用很多基本概念和术语表示空间的不确定性，但目前还没有统一的认识。测绘制图中的"误差"和电子信号测量中的"噪声"最早用来代表人工模拟产品和客观真实世界的不一致性。但是随着人们对客观世界复杂性的进一步认识和发现，需要一些新的概念和表示，因此出现了对空间不确定性的表述问题。Heuve-link和Burrough(1993)把不确定性作为误差的同义词；Guptill(1995)把不确定性看作比误差更为一般的数据质量问题，即不确定性比误差的含义更广泛；Congalton和Green(1999)则认为空间不确定性包括属性和位置数据的准确度(Accuracy)、统计精度(Statistical Precision)和偏差(Bias)，更主要包括位置和属性的误差；Fisher(1997)将空间数据不确定性的研究工作划分为误差、模糊性、歧义性和不一致四个方面。本书将不确定性当作更一般的概念，误差和精度等都是它的一种特殊表现形式。

(1)误差：指真实值与预测值之间的差异。遥感分类精度或误差评价的文献中，分类误差指某一像元被赋予的类型与此像元所代表的真实类型的差别。

(2)准确度或精度：指观测、计算或估计值与真实值之间的接近程度(Closeness)(AGI,1991)。在统计意义上，精度也可以理解为观测、计算或估计的均值与真实均值之差(Burrough,1986)。在这个意义上，为了评价数据的精度，就必须有一个更高精度的数据作为"真值"。但是，正如Drummond(1995)所指出的那样，"真实状况也许永远无法得到……"。在模型的预测中，一般以均方根误差(Root-Mean-Square Error, RMSE)代表预测的精度。Aronoff(1985)将遥感分类精度定义为："……给地图上某一位置赋予的类别为该位置真实类别的概率。"这个定义强调统计意义上的精度。Story等(1986)将分类精度分为总体精度(Overall Accuracy)、制图精度(Producer's Accuracy)和用户精度(User's Accuracy)。1983年，Congalto和Mead将Kappa系数引入遥感数据处理，来评判遥感数据的解译结果与验证数据的一致性。Burrough(1986)、Goodchild和Gopal(1989)对空间数据误差的重要研究成果进行了系统总结。

Foody和Atkinson(2002)认为遥感技术不确定性研究的主要方向包括：空间分辨率对遥感调查的影响、地面控制点的不确定性、尺度和点扩散函数的不确定性、遥感预测和分类准确度的不确定性、传感器定标的不确定性、几何校正的不确定性、不确定性可视化。

水稻卫星遥感主要是运用遥感技术、地理信息技术和全球定位技术开展水稻种植面积估算、长势监测、灾害损失评估和产量预测。根据不确定性的普遍性原理，可以想象遥感技术、地理信息技术和全球定位技术中存在很多不同类型和不同程度的不确定性，都会在水稻卫星遥感过程中被引入并在随后的各种处理过程中传播，最终的总不确定性则是各种不确定性不断传递积累的结果。图1.1是水稻卫星遥感中信息的传递与处理流程图。流程图中的每一线段都代表一个数据处理传递过程，通过这个过程实现前面的变量到后面目标变量的变换，可以将此过程用公式简单表达为：

$$Z_r(l) = f(y_r(x), \boldsymbol{p}) \tag{1.1}$$

其中，Z代表信息传递处理后的数据值，y为传递处理前的信息自变量，r为变量的影响范围，l和x代表地理位置，f为数据变换模型，$\boldsymbol{p}$为模型的各种参数向量。水稻卫星遥感信息提取可以看作由多个简单数据变换模型(f)顺序连接组成的复杂链状系统，前一步的模型输出(Z)会变为下一步的模型输入(y)，每一步模型的属性变量(Z, y)、影响范围(r)、位置信息(l, x)和参数($\boldsymbol{p}$)都可能引入不同类型的不确定性，从应用的角度分为位置误差(Location Error)和属性误差(Attribute Error)。

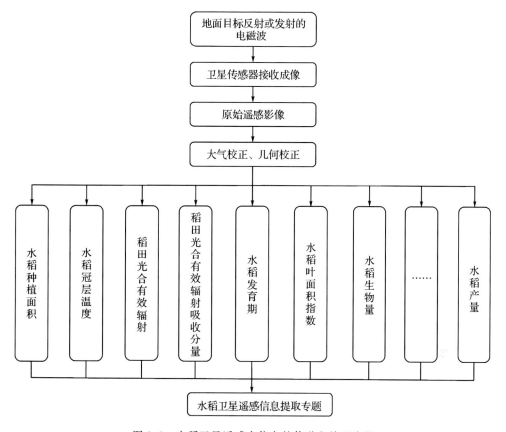

图 1.1　水稻卫星遥感中信息的传递和处理流程

Fig. 1.1　Flowchart of information transferring and processing in paddy rice remote sensing

可以看出,水稻卫星遥感中信息传递可以分为遥感影像获取—遥感数据预处理—水稻遥感信息提取—生成水稻遥感专题图等几个顺序传递过程,下面几节就根据流程图的顺序分析水稻卫星遥感中存在的不确定性。

1.2　遥感影像获取的不确定性

水稻卫星遥感的本质是利用各种传感器接收到的电磁波信息,经过加工处理提取水稻种植面积,估算水稻冠层温度、吸收的光合有效辐射分量、覆盖度等,开展水稻发育期、长势和灾害监测,最终预报水稻产量。由于不同遥感平台及其搭载的传感器物理参数各不相同,因此利用这些遥感平台及传感器获取的遥感数据也有所差别,具有不确定性。正如有诗云"横看成岭侧成峰,远近高低各不同。不识庐山真面目,只缘身在此山中"。不同高度的遥感平台,不同传感器的时空分辨率、天顶角和方位角,固然可以使我们从不同高度和角度观测现实世界,但也会带来片面性,就像盲人摸象,以点代面、以偏概全。需要注意,对于地球这头"象",不同遥感平台、不同传感器观测到的都只是一个方面,只有清楚认识到这个问题,避免夸大研究结果,那么经过反复综合、比较,才能一点一点地扩大对地球这头"象"的认识,逐步逼近真实的地球。

不同传感器获取的遥感数据,其实质是依据传感器系统特定的物理参数,经过对复杂的多维地表信息简化后的二维信息数据。既然是运用仪器对客观真实世界测量所得的数据,就会存在一定的误差或带有一定的噪声,因此卫星遥感数据天然具有不确定性。这种不确定性包括传感器与地面的几何关系(观测天顶角、观测方位角)引起的不确定性,传感器物理参数所决定的遥感影像的空间分辨率、光谱分辨率(波段位置和宽度设置)、辐射分辨率引起的不确定性,传感器运行周期决定的遥感影像时间分辨率引起的不确定性,以及传感器信噪比引起的不确定性等多方面。下面分别从不同方面对这些不确定性进行分析。

1.2.1 不同空间分辨率引起的不确定性

遥感影像空间分辨率是指遥感影像上每个像元所代表的地面实际范围的大小,即扫描仪的瞬时视场,或地面物体所能分辨的最小单元。空间分辨率是评价传感器性能和遥感信息的重要指标之一,也是识别地物形状大小的重要依据。

遥感影像空间分辨率(像元的大小)是由传感器特性决定的,如 MODIS1、2 波段像元面积为 $250m \times 250m$,Landsat5 的 TM 影像像元面积为 $30m \times 30m$,而 IKONOS 全色波段影像像元面积为 $1m \times 1m$。每一个像元无论大小都是只记录一个 DN 值,在地表地物类别面积较小、种类较多的情况下,较高的空间分辨率可以获取较为纯净的像元;当传感器的空间分辨率较低时,一个像元内往往包含多种地物类别,出现混合像元现象,引起遥感数据属性和位置的不确定性。因此,空间分辨率的变化直接导致混合像元的出现概率发生变化,空间分辨率的高低直接影响遥感数据的不确定性程度,通常空间分辨率越高不确定性越小,它们之间成非线性反比关系。在中国南方地区,农村居民点和湖泊多而密集,道路河流纵横交错,低空间分辨率的遥感影像难以直接分类提取水稻面积,可行的办法是在遥感估算的技术基础上再进行推算。

目前用于水稻卫星遥感的资料主要有:MODIS、AVHRR、MSS、ETM、ETM＋、SPOT HRV 等。这些卫星数据具有不同的空间分辨率,所获取的水稻信息也会有所不同,正如“一千个人眼里会有一千个哈姆雷特”一样,对于同一个水稻参数,比如水稻种植面积,在同一个研究区域,“一百种空间分辨率可以获取一百个水稻种植面积信息”。图 1.2 为利用不同卫星获取的遥感影像。由于空间分辨率不同,可以直观地看出,空间分辨率越高,线状河流和道路越清晰;空间分辨率越低,线状河流和道路越模糊。在空间分辨率为 $150m \times 150m$ 的环境 1B IRS 影像上,就看不清楚线状河流和道路,在 $1km \times 1km$ 分辨率的 MODIS 数据上,这些线状河流和道路就更不可分,而且其中一些小的居民点和湖泊坑塘水面也是无法识别的。因此,这些遥感数据提取的水稻面积必然存在误差,即不同空间分辨率引起了水稻面积信息提取的不确定问题。这种不确定性的存在对利用不同的卫星遥感数据进行水稻种植面积估算是一大挑战。

所以,根据研究范围、目的和需求,需要选择合适的空间分辨率数据。在目前的条件下,并不是空间分辨率越高越好,不同应用领域以及应用研究的不同层次对遥感数据的空间分辨率有不同需求。对于小区域而言,IKONOS、QuickBird 等高空间分辨率数据可以获得精细的水稻信息;但是有时候需要提取全国甚至全球的水稻信息来进行总体评价,这时使用 IKONOS、QuickBird 等高空间分辨率数据可能就会“只见树木,不见森林”,而采用 MODIS、AVHRR、SPOT VEGETATION 数据也许更能体现宏观趋势。

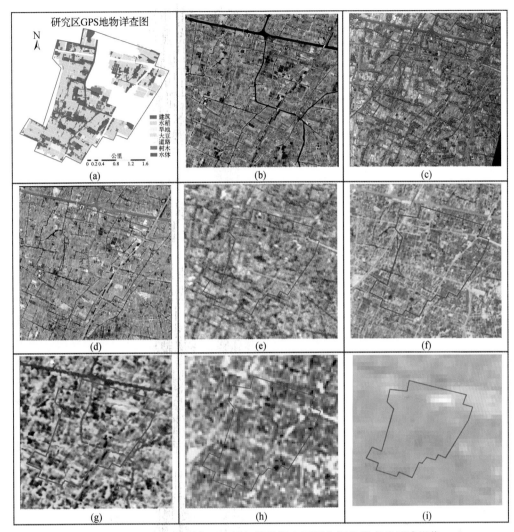

图 1.2　浙江省海盐研究区实测矢量数据和不同空间分辨率的遥感影像
(a)实测数据,(b)空间分辨率为 1m×1m 的全色 IKONOS 影像,(c)空间分辨率为 2.36m×2.36m 的中巴资源 02B HR 影像,(d)空间分辨率为 4m×4m 的 IKONOS 多光谱影像,(e)空间分辨率为19.5m×19.5m 的中巴资源 02B CCD 相机影像,(f)空间分辨率为 23m×23m 的 IRS-P6 多光谱传感器 LISS3 影像,(g)空间分辨率为 30m×30m 的 Landsat5 TM 影像,(h)空间分辨率为 56m×56m 的 IRS-P6 AWIFS 影像,(i)空间分辨率为 150m×150m 的环境 1B IRS 多光谱影像

Fig. 1.2　Vector data measured by GPS and corresponding images with different spatial resolutions for study area in Haiyan County, Zhejiang Province
(a) Vector data measured by GPS, (b) 1m×1m resolution IKONOS PAN image, (c) 2.36m×2.36m resolution CBERS02B HR image, (d) 4m×4m resolution IKONOS multispectral image, (e)19.5m×19.5m CBERS02B CCD image, (f) 23m×23m resolution IRS-P6 multispectral image, (g) 30m×30m resolution Landsat TM image, (h) 56m×56m resolution IRS-P6 AWIFS image, (i) 150m×150m resolution HJ-1B IRS multispectral image

1.2.2　遥感影像获取时间引起的不确定性

自然植被一般具有春季开始返青、夏季生长旺盛、秋季开始发黄、秋末冬初落叶的周期

性生长规律和连续性季相变化,具有明显的时间特征。卫星对地观测获取的单景影像都是植被某一个生长阶段的瞬时地物信息。利用卫星遥感的周期性重复成像特点,针对同一植被区域,可以获取多景卫星影像,就有可能以一定时间间隔(时间分辨率)来监测及跟踪植物的动态变化。但是由于植物在不同生长发育阶段,从内部成分、结构到外部形态特性会发生一系列的周期性变化,针对同一区域获取的不同时间的遥感影像,植被本身及背景参数都发生了变化。所以在不同时间点上获取的影像,对同一区域进行观测所得到的结果往往具有明显的不确定性。图1.3为中国陆地区域植被在2006年不同月份的AVHRR NDVI变化图。

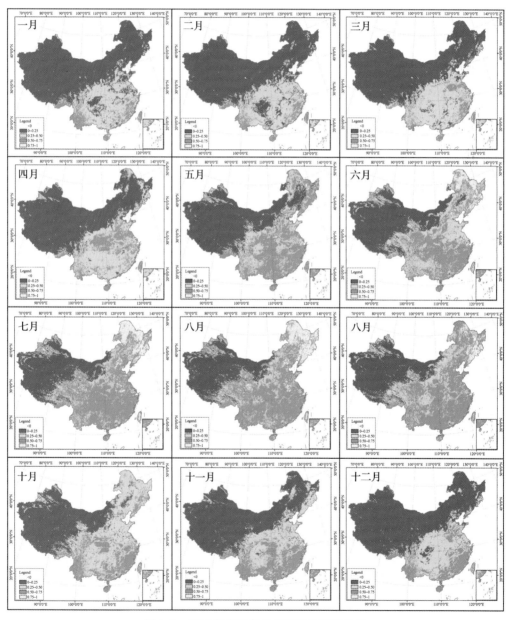

图 1.3　2006 年中国各月 NDVI 的空间分布

Fig. 1.3　Spatial distribution of monthly NDVI of China in 2006

由图 1.3 可见,植被绿波在一年中随时间有很大变化,从冬季到夏季,表现为在同一纬度绿波随着季相变化由南向北推进;从夏季到冬季则相反。因此,卫星影像获取的时间不同,会导致 NDVI 大小不同,如果不注意这种差别,采用简单的分类方法提取植被(包括森林、草地、农作物)面积就会有很大不同,也就是对于某一地类(如耕地),在不同时期表现的光谱特征是不同的。在作物还没有播种(移栽)或者作物收获后,表现的是裸地的光谱特征,这个时候提取耕地面积,必须考虑扣除裸地的影响;而在生长旺盛时表现的是植被的特征,这个时候提取耕地面积,必须考虑其他地类(如森林和草地)的影响。

　　图 1.4 为 1982—2006 年中国典型省份黑龙江、江苏 AVHRR NDVI 的季节变化特征。从图 1.4 中可知,黑龙江省 AVHRR NDVI 的季节变化呈现单峰型特征,最小值主要出现在每年 11 月份到第二年的 2 月份,1982—2006 年最小值平均为 0.1116,历年极端最小值出现在 2004 年,只有 0.0651;最大值主要出现在 7、8 月份,1982—2006 年最大值平均为 0.7566,历年极端最大值出现在 1995 年,NDVI 达到 0.7944。江苏省 AVHRR NDVI 的季节变化呈现双峰型特征,全省 AVHRR NDVI 最小值主要出现在每年的 1、2 月,1982—2006 年最小值平均为 0.2386,历年极端最小值出现在 1984 年,NDVI 最小为 0.1978;最大值主要出现在 8 月份,对应于水稻旺盛生长期,1982—2006 年最大值平均为 0.6136,历年极端最大值出现在 1984 年,NDVI 达到 0.6738;第二个峰值点一般出现在 5 月份,与越冬作物旺盛生长期相对应。

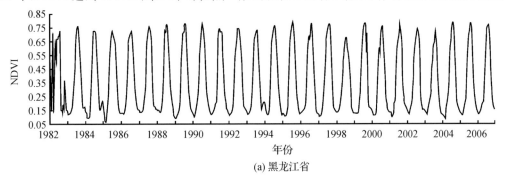

(a) 黑龙江省

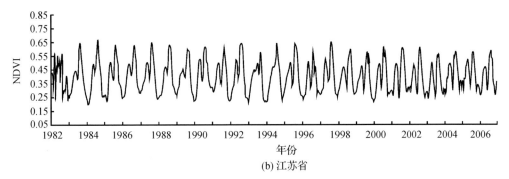

(b) 江苏省

图 1.4　黑龙江省和江苏省 1982—2006 年 AVHRR NDVI 的季节变化特征

Fig. 1.4　Seasonal characteristics of NDVI of Heilongjiang and Jiangsu Province from 1982 to 2006

　　由于不同植物自身生长发育规律决定的植被卫星遥感信息的时间不确定性,需要深入细致分析植物的生长发育特征及其对应的光谱变化规律,可以通过分区来减少这种不确定性。本书第 2 章将全国水稻产区分成双季稻区、单双季稻混合区、单季稻区和无水稻区,使得由于地区间水稻种植制度不同而导致的水稻光谱特征差异不确定性减少到最小。也可以选择最佳时相来减少不确定性,本书第 4 章通过分析水稻从移栽到收获的 EVI 和 LSWI 变化特征,总结出移栽期 LSWI 大于 EVI,而抽穗期 EVI 大于 LSWI,从而可以利用这种特征进行水稻面积估算,提高大范围水稻面积遥感估算自动化、定量化水平,减少主观性,增加可重复性,并提高工作效率和估算精度。

1.2.3 不同传感器的波谱响应特征引起的不确定性

传感器的波段位置、波段宽度和光谱响应函数共同决定传感器某一波段获取的辐射能量的大小。由于不同传感器的波段位置、波段宽度和光谱响应函数不同,针对同一地物获取的地物反射率有所区别,因此利用这些具有不同参数的传感器进行地物监测时,必然存在由传感器波谱分辨率不同引起的不确定性。表 1.1 是不同卫星传感器红光/近红外波段参数,由表 1.1 可见尽管红光和近红外波段所处的区域大致相同,但是具体波段范围的波段位置、波段宽度还是有一定差别,而且光谱响应函数也各不相同(见图 1.5)。这两方面的差别必然导致针对同一目标物获取的辐射数据不同,利用这些辐射数据进行遥感监测时,遥感测量的不确定性将无法避免。

表 1.1 不同卫星传感器红光/近红外波段波长范围

Table 1.1 The wavelength for RED and NIR bands of different satellite sensors

卫星传感器	红光波段(RED,nm)	近红外波段(NIR,nm)
NOAA/AVHRR1	580～680	725～1100
NOAA/AVHRR2	580～680	725～1100
NOAA/AVHRR3	580～680	725～1100
Landsat1-5/MSS	600～700	700～800
Landsat4-5/TM	600～700	700～800
Landsat7/ETM+	630～690	750～900
SPOT1-3/HRV	610～680	780～890
SPOT4/HRVIR	610～680	780～890
SPOT4-5/VEGETATION	610～680	790～890
SPOT5/HRG	610～680	790～890
IKONOS-2	630～690	760～900
QuickBird-2	630～690	760～900
ASTER	630～690	760～860
ALOS	610～690	760～890
GEO-EYE1	655～690	780～920
OrbView-2/SeaWiFS	660～680	745～785
KOMPSAT-2	630～690	760～900
RapidEye	630～685(690～730)	760～850
CBERS-01-02/CCD	630～690	770～890
CBERS-01-02/WFI	630～690	770～890
CBERS-02B/CCD	630～690	770～890
CBERS-02B/WFI	630～690	770～890
HJ-1A/CCD	630～690	760～900
HJ-1B/CCD	630～690	760～900
MODIS	620～670	841～876

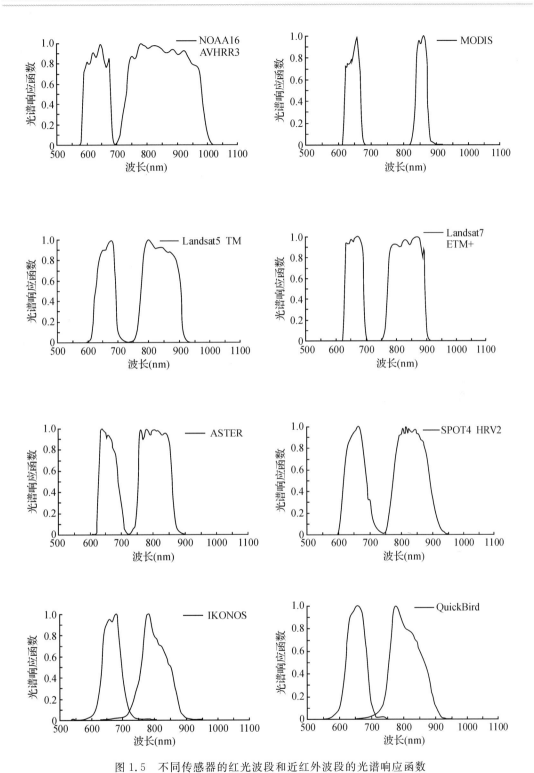

图 1.5　不同传感器的红光波段和近红外波段的光谱响应函数

Fig. 1.5　Spectral response function of RED and NIR bands for different sensors

　　图 1.6 是利用同一光谱数据不同传感器的参数模拟的水稻不同生育期的红光波段反射率,由图 1.6 可见,不同传感器红光波段反射率相对大小是一样的,对于同一天同一条水稻

光谱,IKONOS 的红光波段反射率最高,Landsat7 ETM＋的红光波段反射率最低;常用的中等空间分辨率遥感数据中,SPOT4 HRV2 的红光波段反射率高于 Landsat5 TM 的红光波段反射率;常用的低空间分辨率的遥感数据中,MODIS 的红光波段反射率低于 NOAA16 AVHRR3 的红光波段反射率;即使是同一系列的传感器,Landsat7 ETM＋的红光波段反射率也低于 Landsat5 TM 的红光波段反射率。因此,当利用不同传感器的红光波段反射率进行水稻长势监测或者产量预报时,需要注意这种差异所导致的不确定性。

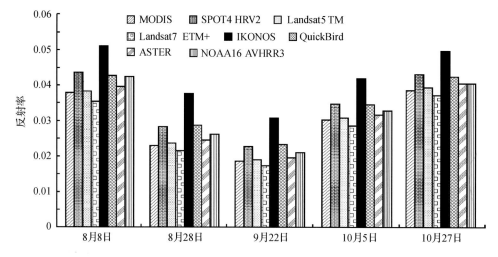

图 1.6　水稻不同生育期不同传感器红光波段的反射率比较

Fig. 1.6　Comparison of RED band reflectance for different sensors at different rice development stages

与不同传感器的红光波段反射率相似,利用不同传感器的参数模拟的水稻不同生育期的近红外波段反射率也表现出由于传感器波段位置设置、波段宽度以及光谱响应函数差异引起的反射率不确定性问题(见图 1.7)。与不同传感器红光反射率的不确定性相比,近红外波段反射率不确定性相对较小,除了 IKONOS 传感器的红光波段反射率值较小,其他传感器近红外波段反射率差异较小。

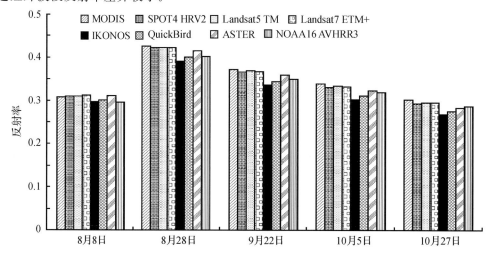

图 1.7　水稻不同生育期不同传感器近红外波段的反射率比较

Fig. 1.7　Comparison of NIR band reflectance for different sensors at different rice development stages

由于不同传感器红光波段和近红外波段波谱响应特征的差异会引起数据获取的不确定性,因此由两者衍生的光谱指数,比如 NDVI,必将同时继承红光波段和近红外波段的不确定性。图1.8是利用不同传感器参数计算的水稻不同生育期的 NDVI。由图1.8可见,不同传感器 NDVI 的相对大小是一样的,对于同一天同一条水稻光谱,Landsat7 ETM＋的NDVI最大,IKONOS 的 NDVI 最小;常用的中等空间分辨率遥感数据中,SPOT4 HRV2 的 NDVI低于 Landsat5 TM 的 NDVI;常用的低空间分辨率的遥感数据中,MODIS 的 NDVI 高于 NOAA16 AVHRR3 的 NDVI;即使是同一系列的传感器 Landsat7 ETM＋和 Landsat5 TM的 NDVI 也不一样,Landsat7 ETM＋的 NDVI 高于 Landsat5 TM 的 NDVI。

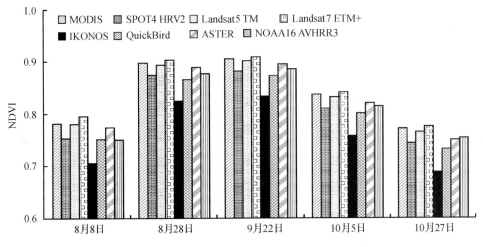

图1.8　水稻不同生育期不同传感器的 NDVI 比较

Fig. 1.8　Comparison of NDVI values for different sensors at different rice development stages

1.2.4　目标物本身及其背景参数光谱特征引起的不确定性

遥感影像是传感器接收来自地物和大气的电磁波信号生成的,是地物电磁波特征信息的载体。遥感影像包含地物本身的波谱属性不确定性,主要表现为地物的同物异谱现象和同谱异物现象。对于水稻来说,同物异谱现象主要是由于影像中水稻生长发育阶段不同、生长环境条件差异引起水稻反射的电磁波谱表现出的变异性。同谱异物现象则是水稻和其他类别植物存在相同或相似的波谱值,可能出现两种地物或多种地物波谱带部分重叠,造成地物在波谱上可分和不可分并存的现象。

遥感影像的波谱属性不确定性还包括混合波谱问题。传感器接收到的光谱信号,除了地面目标物的电磁波以外,还包含大气的散射、折射及漫反射波谱和邻近地物的波谱信号。因此混合波谱影响本身具有很大的不确定性。

遥感目标物及其背景参数都具有空间变异性,针对同一遥感目标,所在区域不同,目标物的参数(比如种植结构,作物生长发育阶段,以及背景参数、大气状况、地形特征等)也可能有较大区别,这些参数的差别是引起遥感监测不确定性的重要原因。如果能够有效减弱这些差别,将显著提高遥感监测精度。针对遥感应用目标的遥感分区是减小这些因素影响的一种有效方法。

1.2.5　其他数据获取的不确定性

成像过程也会产生不确定性,遥感影像是以像元空间分辨率来近似地面目标的响应范围的(Forshaw等,1983)。遥感影像空间分辨率作为属性变量是记录波谱属性值的空间单位,但是实际上传感器记录的空间响应范围是传感器瞬间视场角、卫星飞行变量(如高度、速度、姿态)以及大气效应的综合结果,是一个永远无法精确的变量。传感器记录的波谱值并不是最后遥感图像像元固定边界内的波谱响应(Fisher,1997)。

上述提到的遥感影像获取时引入的属性和空间不确定性有些可以纠正,有些则无法纠正或处理,并在水稻遥感估产流程中传递,它们将成为遥感数据的预处理、信息提取和结果成图的不确定性的一部分。

1.3　遥感数据预处理的不确定性

遥感影像预处理是用户对获得的原始遥感影像进一步处理,纠正原始遥感数据属性和空间误差的过程。根据不同的应用目标,需要对遥感数据进行不同的处理。一般来说,对图像进行辐射定标、大气校正、几何校正是最基本的处理步骤。

1.3.1　辐射定标引起的不确定性

辐射定标(Calibration)是实现水稻定量遥感的前提。水稻面积遥感估算需要同时期多种传感器的遥感数据,以便估算不同尺度的水稻面积;水稻长势遥感监测需要提供每月或者每旬的水稻长势;水稻遥感估产需要长时间序列的遥感数据,以便对遥感资料和产量数据进行对比分析。而卫星遥感影像给出的是像元DN值,只能进行同景图像内部的相对比较,只有将图像DN值转换成对应像元的辐射亮度值,才能对不同地点、不同时间和不同类型传感器获取的遥感数据进行定量比较与应用,以满足水稻长势监测与产量预报的需要,这个转换过程就称为辐射定标。

遥感影像辐射定标是将传感器记录的遥感数据灰度值(即DN值)转换为传感器入瞳亮度,进而转变为地面反射率的处理过程,是最基本的一种辐射校正处理。辐射定标的作用表现为:校正探测器性能的自然衰变对测量结果的影响;保证探测器输出的数据能够最大可能地反映被测量目标的真实情况,使精度能够满足应用需求。

辐射定标主要包括三个方面:①发射前的实验室定标;②基于星载定标器的飞行中定标;③在轨运行期间采用基于地面特性的"替代定标",或借助其他卫星进行的"交叉定标"。辐射定标贯穿卫星整个生命周期,是保持卫星数据精度的一项非常重要的基础工作。通过辐射定标,可以监测传感器的性能变化,并定期或不定期地给出传感器的辐射定标系数(张兆明和何国金,2008)。

辐射定标需要获取一组卫星不同通道记录的DN值转换为具有物理意义的大气层顶太阳辐射亮度的参数,比如通道增益、通道偏置。这些参数能否实现准确的辐射亮度转换在一定程度上取决于传感器的性能。这种由辐射定标参数决定的传感器系统性能会随着时间不断发生衰退、老化等变化,使得传感器的探测精度、灵敏度发生变化,如NOAA AVHRR的可见光和近红外波段传感器的增益平均每年下降 5%。因此对传感器本身需要定期定标得到一个补偿系数来校正传感器本身的问题,得出传感器老化订正的经验公式,但是一段时间内传感器的订正经验公式是不变的,这样遥感影像的波谱记录值包含传感器本身性能衰减引起的属性不确定性。比如 1984 年 3 月 1 日发射的 Landsat5 卫星,在轨运行近 30 年,为提高 Landsat5 TM 辐射定标精度,美国地质调查局(USGS)分别在 2003 年 5 月和 2007 年 4 月对其辐射定标算法进行了两次更新,这是由于传感器老化引起的辐射测量的误差导致辐射定标的不确定性。

1.3.2　大气校正引起的不确定性

大气校正是指消除由大气引起的辐射误差的处理过程。辐射定标将传感器 DN 值转换为行星反射率,经过辐射定标后得到的行星反射率是将地物和大气看作一个整体的反射率,其中既包含地表目标物的反射信息,又包含大气对电磁波吸收和散射的影响。因此,为了获取地物的地面反射率,必须对行星反射率进行大气校正。大气校正的目的是消除大气效应引起的遥感数据中的辐射畸变。精准的大气校正要依靠地面或飞机上同步测定的地物辐射亮度、反射率以及大气光学特性数据,利用机理性的辐射传输理论可以对遥感影像进行大气影响校正(Kneizys 等,1988;Haan 等,1991;Vermote 等,1997;Berk 等,1998)。

目前大气校正模型可分为三类,即:基于影像特征的统计模型、基于地面定标的经验回归模型和基于大气传输理论的辐射传输模型。不同的大气校正模型各有优缺点,并且在使用这些大气校正模型对遥感影像进行校正后,由于这些模型本身的限制,可能会在校正后的结果中引入新的不确定性。

对于第一类遥感影像大气校正方法,最常见的是利用影像暗物体扣除法(Dark-object Substraction)校正程辐射影响(Song,2001),以及利用能见度和水汽的气象数据改进暗物体扣除算法计算大气透过率和程辐射进行大气校正(黄敬峰,1999;程乾,2004)。暗物体扣除算法假定暗物体的反射率为 0,传感器接收的辐射都来自大气程辐射(Pax-Lenney,2001),但是实际上影像暗物体如大型水体一般不会等于 0,辐射校正后结果往往偏低,存在不确定性。另外,由于大气和地物相互作用的邻接效应很难通过大气校正方法消除。

第二类大气校正方法虽然具有反演精度高、方法简单、运算量小的特点,但其缺点是要进行实地测量,尤其是需要与过境卫星准同步测量,因为卫星过境时间短,这在实际测量时很难做到,地面测量数据与卫星过境时间必然存在一定的时间偏差(田庆久等,1998;Richter,1990),会引起两者数据匹配的不确定性。另外,由于地面测量是针对个别样点进行的,而卫星观察的是一个像元范围内的区域,因此样点测量的数量及其代表性也会引起大气校正误差的出现(周秀骥等,1996;廖国男等,1985;郑伟和曾志远,2004),导致大气校正的不确定性。

第三类大气校正方法,即基于大气传输理论的辐射传输模型(如 LOWTRAN、6S、MORTARN 等)校正方法,不仅具有物理意义,而且可以得到较好的地面反射率换算结果,具有较高的校正精度。但是模型需要的与遥感影像同步的大气参数一般难以获取或数据质量不高,实践中在采用辐射传输模型校正时,一般是选择模型拟合时自带的标准大气模型,对研究区经纬度、海拔高度以及能见度等信息进行校正(Kaufman,1989;王建等,2002;秦益和田国良,1994),并没有考虑地域性和大气状况的时空分布特点,这样会引入由于模型参数不确定性带来的新的误差。

1.3.3 几何校正引起的不确定性

遥感影像还存在空间位置的记录误差,主要是因为卫星平台飞行中的卫星的姿态、轨道、地球运动等因素引起的遥感图像的空间位置误差,另外地物本身的空间分布特性也会影响传感器接收的信号,地形起伏会导致图像几何畸变。遥感影像经卫星平台传感器获取过程中发生几何变形是不可避免的,必须对遥感影像进行几何校正才能用于以后的信息提取。

所谓几何校正,就是将一幅含有几何畸变和比例尺差异的原始遥感影像,通过数学变换,生成一幅符合实际的新的遥感影像。几何校正的目的就是消除或改正遥感影像的几何误差。一般用户获得的遥感影像是经过供应商根据卫星参数系统校正过的,但是这种校正只是粗校正,不能满足应用对几何精度的要求,用户还要进一步对影像进行精校正。遥感图像的几何精校正一般通过选取地面控制点和图像上对应的参考点,在地面控制点坐标和对应参考点的图像坐标之间建立多项式空间转换模型,然后将遥感图像从图像坐标系转换到地面控制点的坐标系,以减小影像的位置误差。通常,利用均方根误差(RMSE)衡量参考像元的位置精度(赵英时等,2004),一般应小于像元大小的一半为宜(Paulsson,1992)。

影像几何精校正需要确定三个组成要素:地面控制点、影像参考点和数学模型。这三个要素的确定也存在不确定性。几何校正的地面控制点要采用与影像空间分辨率相适应的地形图、航片以及 GPS 定位点。随着 GPS 定位技术的不断发展与普及和硬件价格的迅速下降,GPS 定位技术已经越来越多地应用于遥感影像校正,特别是对于更高空间分辨率的卫星影像。不同的 GPS 接收机定位精度不同,从实时差分技术 GPS 接收仪到一般手持接收仪,定位精度可以从亚米级到100m 左右。Wilson 曾对多种手持式导航型 GPS 接收机进行过长时间连续测试,得到近千万个测量值,结果表明所测试的各种型号 GPS 接收机平均定位误差均小于标定误差,其中价格在 250 美元左右的几种接收机 95.4%(2σ)的测量结果误差为 57~72m(David,1997)。根据地形图国家规程标准规定,地形图的地物点定位精度为地物点对邻近控制点图上平面点位的误差:平地、丘陵不大于 ±0.50mm;山地不大于±0.75mm;高山地不大于±1.00mm(冯秀丽,2006)。据此标准计算,对于 1∶100000 的地形图,点位中误差平原区为±50m,山区为±75~100m;对于 1∶50000 的地形图,点位中误差平原区为±25m,山区为±37.5~50m;对于 1∶10000 的地形图,点位中误差平原区为±5m,山区为±7.5~10m。另外地形图一般还存在 0.1mm 左右的数字化误差,因此,地形图的点位中误差一般会比标准大。

几何校正参考点的确定也不可能完全准确,存在随机误差,可以理解为:在确定校正图像的参考点像元后,该点在亚像元内部的精准位置是无法准确定位的,这种无法准确定位的位置就是参考点选择的随机误差。

地面控制点和参考点的选取对图像几何纠正精度起决定性作用,在几何校正过程中假定控制点和参考点的选择是确定的和精准的,但是实际上参考图或 GPS 接收仪的定位存在误差,遥感影像的参考点位置也存在误差,由于这些不确定因素的影响,使得遥感影像的几何校正不可能获得完全精确的结果(Wang 和 Ellis,2005；Shin 等,1997；葛咏等,2004；Congalton和Green,1999)。

另外几何校正模型的选择也会影响校正结果,一般要采用高阶多项式算法才能达到满意的结果,黄敬峰(1999)比较了 ENVI 提供的简单的旋转平移校正法(Rotation Scaling and Translation)、二元一次多项式和二元二次多项式三种校正模型的结果精度,发现校正模型间的精度差异达极显著水平。几何纠正过程中需要对校正后栅格属性重采样赋值,一般有最近邻插值法、双线性插值法和三次卷积插值法。最近邻插值法计算简单而且不改变影像的栅格记录值,但是可能产生最大半个像元的位移,使最后影像中某些地物不连贯,改变了影像中地物的形状。双线性插值法是用邻近的 4 个点的像元值,按照它们距内插点的远近赋予不同权重,进行线性内插,该方法具有平均化滤波的效果,输出图像比较连贯。三次卷积插值法则是用内插点周围 16 个像元值进行三次卷积内插,该法对边缘有增强作用,并具有均衡化和清晰化效果。但是双线性插值法和三次卷积插值法都会破坏原有的像元值,可能引起图像整体或局部亮度值的变化,引入新的属性不确定性,从而影响数据分析结果的精度。Smith 和 Kovalick(1985)比较了不同重采样方法对图像分类精度的影响。

1.4　水稻卫星遥感信息提取的不确定性

水稻卫星遥感信息提取主要包括水稻面积估算、长势监测、灾害损失评估、产量预报等内容。一方面,由于遥感影像获取及其预处理存在不确定性,会导致水稻卫星遥感信息提取的不确定性；另一方面,面积遥感估算、长势遥感监测、灾害损失评估和遥感估产模型、方法不同也会导致不确定性。

1.4.1　水稻种植面积遥感估算的不确定性

监督分类是水稻面积提取时一种常用的方法,在监督分类过程中存在很多不确定性,主要包括:①地物类别间"同物异谱""同谱异物"的问题,传感器、地面物体特性产生的混合波谱、混合像元问题,以及几何和辐射校正后新引入的光谱信息属性的不确定性；②地面类别由于分类类别定义的不明确、不一致性引入的不确定性；③几何校正后地面真实参考数据和遥感影像的几何位置配准误差引起的不确定性；④不同的分类算法对数据的假设不同,比如最大似然法要求训练样本为纯样本且服从正态分布,而非参数分类法如神经网络分类法则没有对数据的特别要求,同样的训练数据根据不同的分类方法所产生的分类结果,其不确定性会有很大差别；⑤训练样本的数量、准确性和分布特性等引起的不确定性对分类结果影响很大,训练样本的质量对分类的准确性非常重要。

遥感影像获取因混合像元引入的不确定性是无法通过预处理消除的,混合像元的存在是利用传统的分类法进行面积提取时精度难以达到实用要求的主要原因(赵英时等,2004)。因为传统的硬分类方法,要求用分布均匀、代表性强的"纯"像素作为样本进行训练,分类判定规则是赢者通吃的排他性类别归属,这样硬分类对于混合像元的分类结果必然包含很大的不确定性(Foody 和 Atkinson,2002)。对于水稻面积遥感提取,混合像元问题引起的面积提取的不确定性问题则更为突出,因为与其他大宗粮食作物小麦、玉米相比,水稻种植区多属传统农业发达地区,水网密集、水田平均面积小,混合像元问题尤为突出。影像空间分辨率对分类的不确定性有两方面影响:①空间分辨率提高,混合像元减小,不确定性减小;②空间分辨率提高时,同一类地物内部光谱变异增加,使类别间可分性减小,分类不确定性也会增加。相对而言,混合像元问题是影响水稻面积提取分类的主要问题,一般稻田内水稻光谱变异小,对分类影响不大。目前水稻遥感估产中常用的遥感影像有 AVHRR、MODIS、TM数据,在中国南方水稻种植区,前两者影像中包括水田的像元几乎都属混合像元,30m×30mTM 数据的混合像元程度也很高。

混合像元可能引起的分类不确定性主要表现为:①混合像元的光谱记录值可能不属于训练样本的任何一种分类类别,被误判为一种新的类别;②遥感影像的属性分类有时会根据形态特征来判断,混合像元会改变地物原有的形状表现,造成分类的错误。可见混合像元会引起分类结果在类别属性判定、类别面积和空间分布等方面的不确定性问题。

1.4.2 水稻单产遥感预报的不确定性

水稻遥感监测中的另一个核心内容是水稻遥感估产,是将遥感的光谱信息直接转变为产量信息的过程,或先转变为水稻的生化参数(如叶绿素含量、氮素含量等)和结构参数(LAI)等连续性中间变量再转变为水稻产量信息的过程。

1.经验性和半经验性估产模型的不确定性分析

经验性和半经验性估产模型是利用水稻光谱信息和产量之间的统计关系构建的,这种关系在理论上假定是稳定的,构建的模型才具有预测反演的能力,但是由于影响水稻冠层反射光谱的因素比较复杂,冠层反射光谱的差异并不全部和产量或产量因子有关。拟合的统计模型由于试验样本数、自变量选择、模型算法的不同,对于不同条件下的水稻产量往往可以得出很多不同的条件模型,可见,遥感估产统计模型是建立在变量间关系并不全面且不稳定的基础上。一般经验模型只是反映当次试验数据的统计关系,但是随着作物生长条件、品种、环境条件以及管理方式的变化,拟合的经验模型的表现不尽相同,甚至差异巨大,几乎每次估测都要用新的数据构建模型,而且模型外推时的估测精度往往下降,模型应用的不确定性非常高。

2.基于遥感数据与生长模型耦合估产的不确定性分析

机理性的水稻估产模型将水稻光谱反演参数和水稻生长模型耦合实现水稻产量的估测。虽然生长模型和遥感数据耦合理论及试验研究都表明能够提高作物生长监测和产量估测的精度,但是由于生长模型本身就是一个很复杂的人工模拟系统,涉及气象数据、水稻品种特性变量、种植管理方式等多方面数据,这些数据本身存在很多不确定性问题,这些变量以及作物模型的模块算法的不确定性会带入最终的估产结果。从生长模型和遥感数据耦合示意图(见图1.9)可以看出,生长模型和遥感数据耦合的输入数据主要来自5个方面,其中一个是来自遥感数据反演的模型状态变量如 LAI,另外包括和遥感数据同步的气象数据、作物特性数据、土壤养分平衡数据、水分平衡数据。即使是在水肥平衡情况下进行水稻生长模拟,至少要包括遥感数据反演的模型状态变量如 LAI、气象数据、作物特性数据,这些数据往往包含各种误差。另外一些模型需要的参数仍然是建立在经验关系之上,这样模拟的结果也会存在偏差。因此模型耦合后各种输入数据的不确定性最终会通过模型模拟传递到模拟结果,最终的模型输出不确定性主要包括:输入数据的不确定性,以及生长模型结构和算法的不确定性。经过几十年的发展,作物模型研究总的趋势是不断朝基于过程的动态机理模型方向发展,经过拟合和验证的模型一般可以实现对现实的近似,因此耦合模型的输出不确定性主要还是由于模型输入数据的不确定性引起的(Burrough,1989;Richter 和 Sonderdth,1990;Martorana 等,1999)。用于模拟复杂的作物自然生长发育过程的生长模型在特定区域应用的各种输入变量数据往往可能存在很大的时空误差(Rivington 等,2002,2006)。Metselaar(1999)研究发现作物模型的参数不确定性变化很大,变异系数变化从很小到大于100%,平均为 38%,模型参数间的不确定性程度不同。

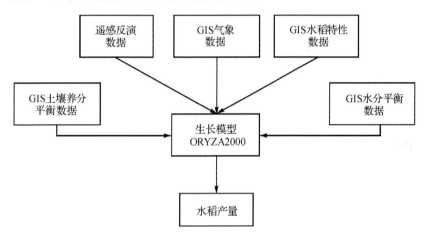

图 1.9　水稻生长模型和遥感数据耦合进行产量预报的流程

Fig. 1. 9　Flowchart of coupling rice model (ORYZA2000) with remotely sensed data for rice yield prediction

(1)作物特性数据和土壤数据在估产中的不确定性分析。水稻特性数据和土壤数据可能会包含来自试验数据样本大小、试验方法、验证过程等引起的随机误差和系统性误差,在大的区域上还表现出时空的变异性。模型的作物参数和作物品种相关,要通过试验测量获得,当模型在推广应用时,因为试验样本和测试方法等问题,确定的参数往往误差很大,有时甚至无法获得应用区域内作物的参数值,而直接取模型拟合时的参数值或根据经验给一个值。另外,当模型从点到地区性的面上应用时,因为区域内的作物生长期和品种不一致,作物参数还会表现出空间变异。同时土壤条件、生产管理数据也表现出空间变异性。Durr 等(1999)就播种期对模型的影响的研究发现甜菜播种期的变异会导致产量超过 20% 的变化,而播种期一般是种植户根据习惯、天气和时间安排,具有一定的随意性,是一个变异性很高的模型变量。

(2)气象数据在估产中的不确定性分析。就气象数据来讲,不仅各站点数据记录会存在系统和随机误差,而且气象站点呈点状分布,用点的数据代表面或插值代表都会存在误差(Jin,2003)。影响气候要素空间分布的地理要素可以分为两类:一类是宏观地理因子或称之为大气候因素,如地理位置(包括经度、纬度和离海远近)、大的山脉走向和地势高低等;另一类是微观地形因子或称之为小气候因素,如坡向、坡度、地形起伏度、地形遮蔽度和下垫面性质等。前者影响气候要素的空间分布趋势,后者影响气候要素的局地变化,可以看出气象数据也存在一定的时空变异性。区域气象数据一般会用最近站点数据代表法、时空内插法或随机气候产生器等方法近似获得。

太阳总辐射数据用于计算蒸散、估计生物量积累,是一个至关重要的输入变量,但是一般的气象站点数据没有模型需要的太阳总辐射能量,实际上是将日照时数用各种算法换算为太阳总辐射能量(Angstrom,1924;Revfeim,1997;Suehrcke,2000),这些算法本身需要很多特定的区域性参数,研究发现日照时数法的数据误差可达 20%(BADC,2004),Schaal 和 Dale(1977)发现气象站点的温度测量数据存在 0.5~1℃ 的系统偏差。

生长模型在不同的地域应用时,如果气象数据不能代表该区域的实际情况,模型的输出误差非常显著。Rivington 等(2003,2006)在研究中发现只有 32% 的站点数据可以用于最近气象站点法代表特定区域的气象数据,应用最近站点的气象数据得到的模型输出的产量估测结果误差高达 ±2t/ha。Nonhebel(1994)研究发现误差为太阳辐射 10% 和温度 1℃ 时,产量估测误差会高达 1t/ha。Trnka 等(2005)利用 CERES-Barley 和 CERES-Wheat 两种作物生长模型研究太阳辐射数据的误差的影响,结果表明产量估测误差一般都大于 ±10%,有的甚至大于 ±25%。Launay 和 Guerif(2003)用 SUCROS 模型研究种植区离气象站点远近对甜菜产量的影响,用最近站点数据模拟甜菜生长,发现离站点越远的种植区块模拟产量的变异越大,距离超过 14km 误差可能超过 20%。

(3)遥感反演参数在估产中的不确定性分析。用于耦合的水稻结构参数和生化参数可以用简单的统计方法反演或冠层光谱传输模型反演得到,但是由于统计方法的经验性关系的不稳定性、光谱传输模型的适应性、参数选择、反演算法等都影响反演的结果,水稻结构参数和生化参数的遥感反演结果必然存在不确定性。LAI 作为一个重要的枢纽性变量常用于耦合生长模型和遥感数据,遥感方法获取 LAI 数据一般有经验性统计模型方法和机理性的光谱传输模型的反演。Clevers(1989)用多光谱航片数据以 NDVI 经验指数模型估测大麦的 LAI,RMSE 结果为:0.21(LAI 平均值为 1)、1.33(LAI 平均值为 3.7)、1.35(LAI 平均值为 5.27);Clevers 等(2002)用 SPOT 数据估测 LAI,RMSE 为 0.57;Richard 等(2003)用植被指数统计模型估测多种植被类型的 LAI,RMSE 平均为 0.85(LAI 范围 0.31~2.18),相对误差达 33%(范围 19%~56%),在山区和农业种植区误差更大,研究发现用 138 个地面实测点的 LAI 数据制作的 LAI 图精度最高,不过相对误差也达 20%;Chen 等(2002)用经验线性和指数模型估测森林和农作物的 LAI,RMSE 误差结果为:1.48~1.78(针叶林)、0.73~2.22(落叶林)、1.56~2.86(混交林)、1.10~2.00(作物);Doraiswamy 等(2004)用 SAIL 反演 MODIS 数据获得 LAI 估测值 RMSE 为 1.11,即使用地面冠层光谱反演的 LAI 误差也较大,RMSE 为 0.63。可见,无论用什么方法获得 LAI 遥感估测值都存在较大误差。

作物氮素含量特别是叶片氮含量也可以作为状态变量耦合遥感数据和生长模型(Jongschaap,2006)。关于植被氮素含量的遥感估测没有 LAI 研究那么广泛。Mutanga(2004)用高光谱遥感数据估测牧草氮含量的误差 RMSE 为 0.08%,为平均含量的 ±10.25%;Hansen 和 Schjoerring(2003)用高光谱数据估测氮含量的误差 RMSE 为 10%~20%。

Aggarwal(1995)研究发现模型参数的不确定性引起 −24.3%~10.8% 的作物产量变化。可见生长模型输入变量和参数的不确定性会对模型输出结果引入较大的不确定性。

1.4.3　水稻遥感专题制图的不确定性

水稻遥感信息提取的最后阶段是成果表达,即水稻遥感信息提取专题图。产量空间分布是在遥感面积提取结果的基础上,结合遥感单产估测结果绘制水稻遥感产量的空间分布图。一般情况下水稻面积提取和产量遥感估测要求的遥感数据最佳时相和空间分辨率并不一致,绘制水稻遥感产量的空间分布图涉及不同时相和空间分辨率图像的尺度转换、配准、数据栅格矢量转换和数据叠加等处理过程,最后的产量空间分布图不仅包含前面步骤未能消除而传递下去的不确定性,还会因分析处理引入新的不确定性。

1.5　本章小结

本章从不确定性的哲学思想出发,介绍不确定性概念、研究领域和研究进展。重点阐述空间信息科学中人们对不确定性的理解和认识,不确定性的主要表现形式、研究现状以及研究系统框架。最后按照水稻遥感估产中信息获取、处理和传递的顺序,定性地分析水稻遥感信息提取各环节存在的不确定性问题。通过分析表明:水稻卫星遥感从数据的获取、处理、分析和转换等一系列步骤中都有不同类型和程度的不确定性引入,并在进一步分析中传播。在遥感信息提取过程中,不但要设法纠正数据获取过程中引入的不确定性,而且要选取合适的、对误差不敏感的处理和分析方法,使最后提取的信息包含最小的不确定性。

第2章 水稻卫星遥感信息提取分区

农业生产绝大部分是露天进行的,具有范围广、季节性强而且灾害频繁发生等特点,利用遥感技术宏观性和周期性的优势进行农作物识别、长势监测和产量预报是一种有效的手段。但在进行大面积水稻遥感信息提取时,由于各地的气候、土壤、植被、地形地貌等自然条件十分复杂,水稻的生长环境、生长季节和耕作制度差异很大。为了提高利用卫星遥感方法获取水稻信息的精度,减少不确定性,有必要对不同条件的水稻种植区域进行合理的分区。本章针对国家级(中国)和省级(湖南省)两个不同尺度的地域范围,依据各自区域和数据特点拟定不同的分区指标和方法,采用定性与定量相结合的方式,研究水稻卫星遥感信息提取分区方法与技术。

2.1 中国水稻卫星遥感信息提取分区

针对中国水稻种植生产区域广泛、空间变异大、年际与季节变化波动大等特点,同时也根据水稻卫星遥感特点和专题信息提取要求,本研究以县为单位,采用晴天日数、坡度、种植结构、水稻耕作制度等资料,按照一定的原则和方法,进行中国水稻遥感信息提取分区,其技术流程如图 2.1 所示。分区结果对水稻遥感信息提取时选择合适空间与时间分辨率的遥感数据源、确定合适的参数和遥感图像处理方法,以及提高遥感信息提取精度等具有重要作用。

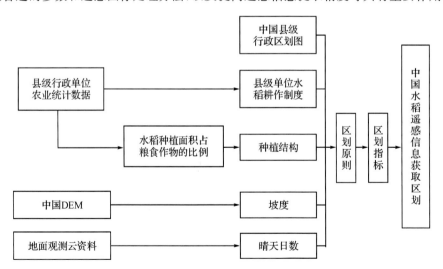

图 2.1　中国水稻遥感信息提取分区的技术流程

Fig. 2.1　Flowchart of paddy rice regionalization of China for remote sensing information extraction

2.1.1 分区指标

水稻遥感信息提取分区的依据是对地面信息的分析,这些信息主要包括水稻的耕作制度(如单季稻、早稻和晚稻的耕作情况)、水稻与环境条件的关系(如地形地貌、种植结构差异等)、遥感技术的具体要求(如云覆盖等大气噪声对水稻遥感信息获取的影响),以及其他影响遥感地物光谱信息获取的相关因素。根据分区的基本原则,综合分析全国水稻种植区的区域特点和对遥感信息获取所产生的影响,选择分区的具体指标如下。

1. 水稻耕作制度

水稻耕作制度是水稻遥感信息提取分区的一个重要指标。耕作制度的变化改变了水稻的种植次数和水稻可能存在时间,间接地改变了水稻的生育期和季相变化,进而影响稻田光谱植被指数的季节变化形式,也决定水稻光谱信息在不同时相遥感图像上的差异。

根据 2002—2006 年各省农村/农业统计年鉴有关水稻种植面积统计数据,以县级行政单位为单元,得到水稻空间分布和耕作制度(见图 2.2)。根据图 2.2,全国的水稻耕作制度可分为四类,即双季稻区(绝大部分为早稻和晚稻,主要分布在海南、广东、广西和台湾等地区)、单双季稻混合区(单季稻、早稻和晚稻相混合,主要分布在安徽南部、湖北东部和云南南部,浙江、福建、江西和湖南的大部分,以及四川和贵州的零星地区)、单季稻区(分布在以上两区以外的其他有水稻种植的广大地区)和无水稻区。在获取水稻遥感信息时,对双季稻区需要分别获取早稻和晚稻信息,对单双季稻混合区则需要分别获取单季稻、早稻和晚稻信息,对双季稻区和单双季稻混合区需要获取的遥感信息时间跨度较长,而对单季稻区来说仅需获取一季的水稻信息即可,需要获取的遥感信息时间跨度相对较短。因此,区域水稻耕作制度空间分布情况对指导水稻遥感信息获取的时相选择具有重要的意义。

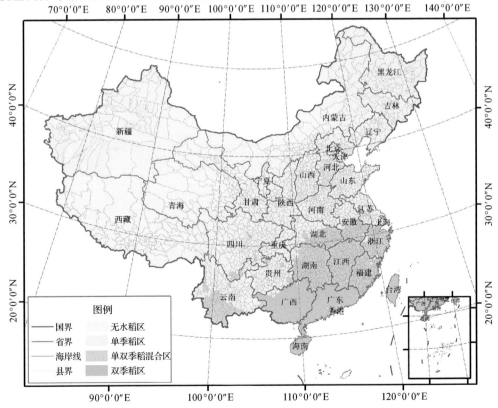

图 2.2　中国以县级行政单位统计的水稻种植空间分布和耕作制度

Fig.2.2　Paddy rice distribution and farming systems at county level in China

2. 区域地形差异

区域地形差异对遥感信息获取有很大的影响,主要表现在:①海拔高度差异引起的地物空间分布变化;②地形起伏可引起地物结构区域差异,比如,山区的地物结构复杂,农田多分布于谷地和盆地中,地物光谱特征不均一性非常显著,而平原区的地物结构较简单,农田集中连片,地物光谱特征比较均一;③由于地表各种地物的光谱反射都不是朗伯反射,所以地表坡度和坡向的变化对地物光谱反射有明显的影响,甚至出现山体阴影,干扰了图像记录的地物反射光谱信息,这是遥感数据处理必须考虑的问题。

根据水稻种植的场地要求,本研究把坡度小于5°的区域作为水稻可能种植区,采用全球土地覆盖研究所(GLCF)提供的覆盖中国的分辨率为3弧秒(约90m×90m)的SRTM (Shuttle Radar Topography Mission)DEM数据提取地形坡度。利用地理信息系统的地形分析功能和区域统计功能计算中国县级行政单元内坡度小于5°的面积比例(见图2.3),将其作为中国水稻分区的一个指标。

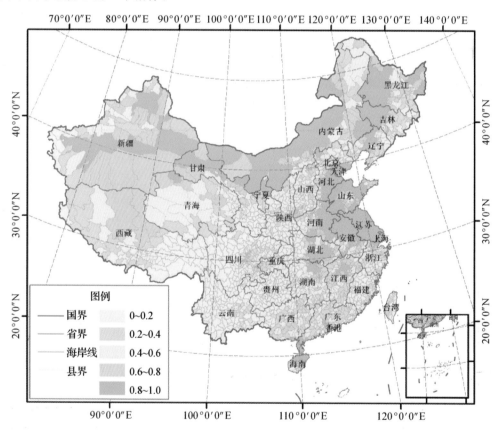

图 2.3 中国县级行政单元内坡度小于5°的面积比例

Fig. 2.3 Proportion of the area with slope less than 5° at county level in China

3. 种植结构差异

遥感图像是对地物类型及其组合方式的反映。水稻种植区域一般也种植其他作物,不同结构类型具有不同的光谱信息结构,水稻信息与其他地物信息之间的关系也有明显差异。水稻遥感信息获取有赖于认识水稻所处环境各种地物光谱特征,通过分析水稻与其他作物的光谱差别,从各种地物光谱信息的组合中提取水稻信息。提取的依据、方法和精度因地物类型及其组合方式而异。反映种植结构的具体指标可以根据农业统计资料,以县级行政单位为最小单元,分析水稻种植面积在所有的粮食作物中所占的面积比例,它可以反映出水稻在一个地区农作物种植中所占的比重,这对获取水稻遥感信息起着重要的作用。如果比值大,那么水稻在该地区占优势,它与其他地物在遥感图像中产生混合像元的概率会小些;如果比值小,则与其他地物在遥感图像中产生混合像元的概率会大些。因此,该比值可以大致反映出一个地区的种植结构差异,是个很重要的分区指标。

利用不同县级行政单元的统计数据并参考其他辅助数据,获得中国县级行政单元内水稻播种面积与粮食作物总面积比的分布(见图 2.4)。

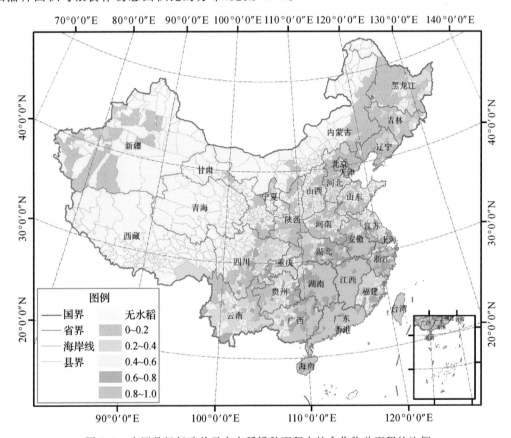

图 2.4　中国县级行政单元内水稻播种面积占粮食作物总面积的比例

Fig. 2.4　Cultivated area ratio of rice to grain at county level in China

4. 晴天日数

大气噪声对遥感光谱信息获取也有重要的影响。它的主要来源是大气成分的吸收和散射以及云层和云影的干扰,区域差异性非常明显,直接影响遥感信息获取的效果。对于光学遥感而言,云覆盖决定一个地区的地面覆盖光谱信息能够被卫星传感器获取到的概率,是获取遥感地物光谱信息必须要考虑的因素。

本研究根据全国 667 个气象台站资料,计算各个台站多年年平均总云量小于 20% (晴天)的日数,采用 Ordinary Kriging 插值分析得出全国范围的云覆盖状况,并利用 GIS 区域统计功能计算出县级行政单元内平均的计算结果,如图2.5所示。

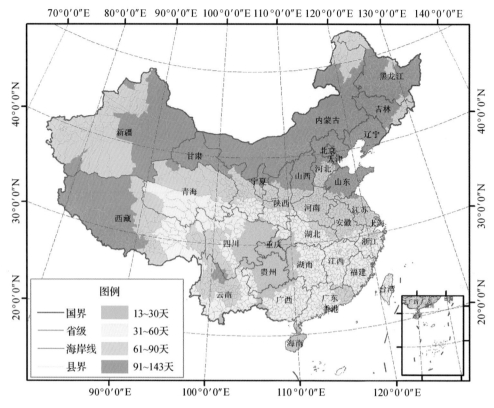

图 2.5　中国县级行政单元内多年平均晴天日数

Fig. 2.5　Annual mean clear days at county level in China

多年平均总云量小于20％(晴天)的日数反映一个地区通过光学传感器获得高质量遥感图像的概率的大小。如果一年内的晴天数较多,那么就可以通过光学传感器获取该地区的水稻信息;而如果一年内的晴天数较少,则利用光学传感器获取该地区的水稻信息比较难,应综合考虑采用微波遥感方式获取信息。

2.1.2　分区方法

首先,按照耕作制度的差异把全国的水稻种植区分成双季稻区、单双季稻混合区、单季稻区和无水稻区4个一级分区。然后,再根据地形因素、种植结构和大气噪声3个因素,进行二级分区。对二级分区的定性描述,按照地形因素可以分为平原为主区和山地丘陵为主区,按照种植结构因素可以分为主稻区和非主稻区,按照晴天日数可以分为多云区和少云区。本研究采用 K-均值动态聚类算法进行分类,具体过程如下。

(1)数据的标准化。为了消除指标量纲的不同,应该在聚类分析前先对每个指标进行标准化处理。本研究采用极差标准化,计算方法为:

$$X'_{i,j} = \frac{X_{i,j} - X_{j\min}}{X_{j\max} - X_{j\min}} \tag{2.1}$$

其中,$X'_{i,j}$为标准化结果,i为样点数(表示各个县级行政单位),j为指标数(表示变量数),$X_{i,j}$为原始数据,$X_{j\min}$为第 j 指标的最小值,$X_{j\max}$为第 j 指标的最大值。

（2）单个指标分类。根据定性判断结果确定的分类数，把每个指标分为两类。分别对各个指标运用 K-均值动态聚类法计算出分类结果。

（3）多指标综合分类。采用各指标分类结果叠加法进行综合分析，不采用对所有指标进行数学意义的多元聚类分析，因为多元聚类法不同的指标间具有互补性，然而本研究所评价的要素是相互独立的，不能互补。比如一个地区的平原比例高而云覆盖少，另一个地区平原比例低而云覆盖多，假设仅考虑这两个指标，就很有可能把它们分成一类，而实际上这样是不合适的，所以采用各指标进行叠加分析更为合理。

（4）局部区域调整。由于本研究采用县级行政单位为最小单元，所以通过聚类分析后得出的结果很有可能与周围其他地区有些差异。为了保持遥感信息获取时图像的空间连续性，对最终的聚类结果按照"少数服从多数"的原则进行适当调整，把零碎而孤立的区域归并到邻近的较大区域内，以便于进行大面积水稻遥感信息获取。

2.1.3　分区结果

通过对水稻耕作制度、地形、种植结构、晴天日数等因素进行叠加，得出中国县级行政单元的水稻遥感信息提取分区（见图 2.6）。图 2.6 中图例的二级分区代号的第一个字母 D、M 和 S 分别表示双季稻区、单双季稻混合区和单季稻区；第二个字母 F 和 H 分别代表平原地区和山地丘陵区；第三个字母 R 和 O 分别代表主稻区和非主稻区；第四个字母 C 和 S 分别代表多云区和少云区；No 代表无水稻区。

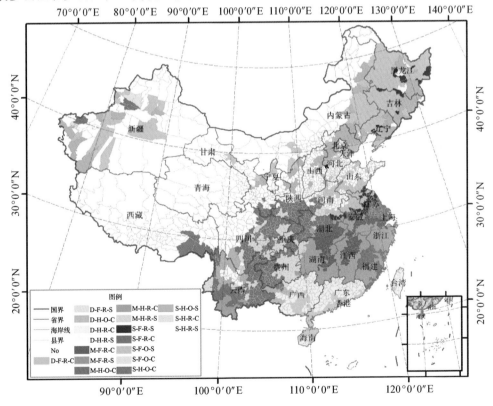

图 2.6　以县级行政单位为最小单元的中国水稻遥感信息提取分区

Fig. 2.6　Paddy rice regionalization of China for remote sensing information extraction at county level

本研究根据最新的全国县级行政单元内统计的水稻耕作制度把全国的水稻种植区分成双季稻区、单双季稻混合区、单季稻区和无水稻区4个一级分区。然后，对以上大分区按照地形、种植结构和晴天日数3个因素，把双季稻区和单双季稻混合区又各分成5个二级分区，单季稻区分成8个二级分区，外加无水稻区，故全国水稻种植区共分成19个水稻遥感信息获取的二级分区。

2.2 湖南省水稻卫星遥感信息提取分区

第2.1节是从全国的角度确定水稻分区指标、方法。对省级区域而言，还需要考虑各省的具体情况。本节针对湖南省的具体情况，进一步研究在省级区域内开展水稻卫星遥感信息提取的分区指标、分区方法和分区结果。

2.2.1 分区指标

水稻是湖南省主要的粮食作物，水稻播种面积和总产量多年居全国首位，水稻产量占湖南省粮食总产量的89%。依据湖南省水稻种植基本情况，综合考虑水稻遥感信息提取的多个影响因素，确定分区指标如下。

1. 水稻耕作制度

水稻耕作制度直接影响水稻分布的时空变化，这种变化影响利用遥感技术进行面积估算和遥感估产的遥感影像时相的选择。因此，在选择水稻遥感监测分区因子时，水稻耕作制度应作为分区的首要因子。本研究根据统计部门水稻种植面积统计数据，以县为单位，分别计算8年(2000—2007年)双季稻种植、单季稻种植面积的平均值。然后，计算双季稻种植、单季稻种植面积比例，将其作为基于水稻耕作制度分区的因子。对双季稻种植而言，如果其面积占水稻总播种面积的百分比小于40%(单季稻所占比例大于60%)，则认为是单季稻种植区；如果百分比为40%～60%(单季稻所占比例为60%～40%)，则认为是单双季稻混合种植区；如果百分比大于60%(单季稻所占比例小于40%)，则认为是双季稻种植区。对于混合种植区，根据其地理位置，可以划分到邻近的单季或双季稻区中，以保证水稻遥感估产分区在空间上的连续性。

2. 稻土比

稻土比是指水稻播种面积占县级行政单元土地总面积的比例。从遥感资料中提取水稻信息，其精度受到稻土比的影响。如果稻土比较大，说明所在县水稻种植面积较大，比较集中；反之，则水稻种植面积较小。一般情况下，稻土比大，水稻种植集中，稻田信息较容易通过遥感手段获取。

3. 水稻单产水平

受地形地貌的影响，湖南省内水热资源分布不均，加上各地田间管理的差别，湖南省水稻单产水平存在区域性差别。为了更好地提高水稻估产精度，本研究将县级水稻单产水平作为分区因子之一。

4. 地形的区域差异

地形的区域差异对遥感信息获取有很大的影响。本研究采用SRTM数据，结合湖南省县级行政分区图,利用地理信息系统的地形分析功能和区域统计功能,提取各县市相对高度不超过 50m,坡度在 6°以下的面积。然后,计算出此面积占各县(市)土地面积的百分比,并将其作为基于县级水平地形分区的指标。

2.2.2 分区方法

首先根据各县的单(双)季水稻面积占总水稻面积的比,将湖南省分为单季稻区、双季稻区 2 个一级区。再以县为单位,在一级分区的基础上,引入稻土比、单产水平、县域平原面积占总面积之比,以及县域空间位置作为分区指标,采用空间分析与两维图论树算法相结合的方法进行分区,其技术路线如图 2.7 所示。

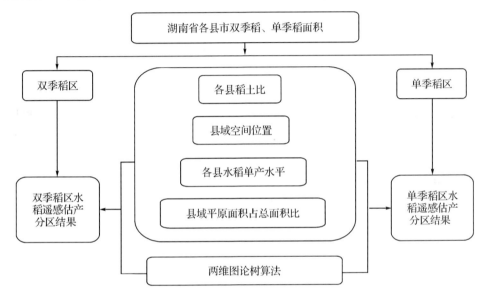

图 2.7 湖南省水稻遥感信息提取分区的技术流程

Fig. 2.7 Flowchart of paddy rice regionalization of Hunan Province for remote sensing information extraction

2.2.3 分区结果

运用 DPS 软件中两维图论算法模块,分别对单季稻区与双季稻区进行处理,获取各个县的图论树关系图。根据各县市在图论树中的分布,将位于同一主干上的各分支归为同一分区。

根据两维图论树分区结果,对于个别县市根据分区原则进行调整,于是在一级分区的基础上,得到 5 个二级分区。其中单季稻区有 2 个二级区,分别为湘西北山地丘陵单季稻区和湘东南山地单季稻区;双季稻区有 3 个二级区,分别为湘东北平原山地双季稻区、湘中部丘陵平原双季稻区和湘南部山地丘陵双季稻区,其空间分布如图 2.8 所示,各分区保持了区块的连续性与行政分区的完整性。另外,各分区对应的县(市)及其特征如表 2.1 所示。根据各分区的基本特征可以看出,各分区间自然与社会经济条件具有相对独立性,而分区内又具有一致性。

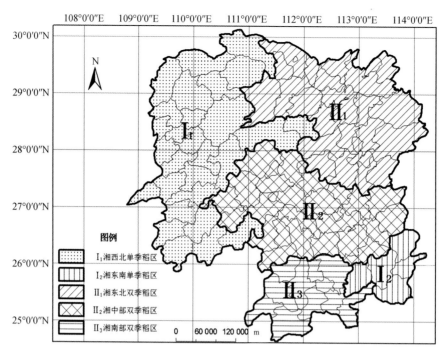

图 2.8 湖南省水稻遥感信息提取分区

Fig. 2.8 Paddy rice regionalization of Hunan Province for remote sensing information extraction

表 2.1 湖南省水稻遥感信息提取分区结果

Table 2.1 Paddy rice regionalization result of Hunan Province for remote sensing information extraction

一级区	二级区	范围	基本特征
I 单季 稻区	I₁湘西北山地 丘陵单季稻区	安化、保靖、辰溪、城步、慈利、凤凰、古丈、洪江市、花垣、怀化、会同、吉首、靖州、龙山、泸溪、麻阳、桑植、石门、桃江、通道、新晃、新宁、永顺、沅陵、张家界、芷江、溆浦、绥宁	山地丘陵面积差不多,各县水稻面积占总面积比例为3%～15%,有梯田分布
	I₂湘东南山地 单季稻区	郴州市、桂东县、汝城县、炎陵县、资兴市	山地面积占90%以上,水田所占总面积比例在5%左右,以单季稻为主
II 双季 稻区	II₁湘东北平原 山地双季稻区	安乡、长沙县、长沙市、常德、汉寿、华容、津市、澧县、醴陵、临澧、临湘、浏阳、汨罗、南县、宁乡、平江、桃源、望城、湘潭、湘潭、湘乡、湘阴、益阳、沅江、岳阳市、岳阳县、株洲、株洲	除平江、浏阳、醴陵几个县市山地面积较多以外,其他各县以平原为主。水热条件好,产量高,主要为双季稻,西北部有单季稻分布,是湖南水稻主产区之一
	II₂湘中部丘陵 平原双季稻区	安仁、茶陵、常宁、东安、洞口、衡东、衡南、衡山、衡阳、耒阳、冷水江、涟源、隆回、祁东、祁阳、邵东、邵阳市、邵阳县、双峰、武冈、新化、新邵、永兴、永州、攸县、冷水滩区、娄底	除衡东、衡南、衡山等几个县市以平原为主以外,其他各县以丘陵为主,水稻种植面积大,产量高,是湖南水稻主产区之一
	II₃湘南部山地 丘陵双季稻区	道县、嘉禾、桂阳、江华、江永、蓝山、临武、宁远、双牌、新田、宜章	以山地丘陵为主,主要是双季稻,单季稻较少

2.3　本章小结

　　水稻遥感信息提取分区是为水稻面积遥感估算、长势监测和水稻产量遥感预报服务的，它与一般的水稻种植分区在指标选择等方面有很大不同，分区的结果对大面积水稻遥感信息提取时遥感影像类型和时相的选择、遥感影像处理、信息提取方法等具有指导意义。在进行水稻遥感信息提取时，如果研究范围比较大（省、全国、全球）、研究区内地形和地物结构复杂，为了减少水稻遥感信息提取的不确定性，必须进行水稻遥感信息提取分区。本章的研究思路与方法、采用的一些指标，也可供小麦、玉米、棉花等作物遥感信息提取参考。

第3章　基于数据挖掘的水稻种植面积遥感估算

在这个信息爆炸的时代,我们被数据与信息所"淹没",面对这个"汪洋大海",我们无所适从。然而我们渴望发现多变现象后面所隐藏的规律,并用这些规律指导我们的实践,从而摆脱盲目与困惑。数据挖掘(Data Mining,DM)就是从那些大量的、不完全的、有噪声的、模糊的、随机的数据中,提取隐含在其中的、人们事先不知道的,但又是潜在有用的信息和知识的过程(Han 等,2001)。数据挖掘可以采用的方法主要包括概率论、神经网络、支持向量机(Support Vector Machines,SVM)、空间分析、模糊集、云理论、粗集、决策树等。本章介绍利用 Landsat5 TM 数据,采用穗帽变换、神经网络和支持向量机等方法进行水稻种植面积信息提取的方法、结果与精度评价。

3.1　研究区数据获取与处理

3.1.1　研究区数据获取

2004 年水稻生长季期间,在浙江省海盐县开展水稻星地同步观测试验,在 Landsat 过境时进行地面水稻冠层光谱观测和生物物理与生物化学参数采样,以期获得准同步的地面和卫星资料。研究区位于浙江省海盐县境内中心位置大约为东经 120.87622°,北纬 30.51501°的 5km×5km 方形区域。研究区内以水稻种植为主,地物主要包括水稻田、农村居民点、河流及其支流,以及小片的桑园、果园和旱地等,虽然地物类型不多,但是分布比较复杂。研究区种植制度是以油菜和水稻交替种植,水稻一般在 6 月末 7 月初移栽,10月末 11 月初收割。

2004 年 10 月,在水稻收割前利用 Trimble Geo XT 亚米级 GPS 对研究区按地块对各类地物的属性和面积精确定位跟踪,制成研究区的地物详查矢量数据(Shapefile 文件格式)。根据研究区地物面积和属性,将海盐地面详查图地类合并为建筑、水稻、旱地、大豆、道路、树木、水体 7 个类别,经矢量到栅格转换,最后得到研究区 1m×1m 分辨率的地物类别专题图(见图 3.1),该图可以作为水稻面积遥感估算精度验证的基础数据。

2004 年海盐水稻星地同步观测研究区获取了 7 月 19 日(118/39)、7 月 26 日(119/39)、8 月 20 日(118/39)、10 月 14 日(119/39)、11 月 24 日(118/39)的 Landsat5 TM 数据。

在水稻生长前期,LAI 比较小,不足以覆盖稻田中的水背景,这时水稻易被误分为水体;而在水稻生长中后期,当水稻 LAI 较大时,稻田中水背景被完全覆盖,这时水稻易与其他绿色植被混淆。根据水稻田的光谱特征,本研究选用水稻移栽期、收获期两个时相的 TM 数据进行浙江省海盐研究区水稻面积估算,即 2004 年 7 月 26 日(移栽后期)和 2004 年 10 月 14 日(成熟期)的 TM 遥感影像数据进行水稻面积遥感估算。根据实地调查资料,结合利用 TM 数据进行

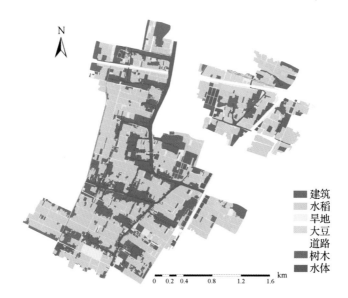

图 3.1　采用 Trimble Geo XT 亚米级 GPS 调查的研究区地物类型

Fig. 3. 1　Land cover types of study area measured by Trimble Geo XT GPS with 1m×1m spatial resolution

分类的可能性,将研究区主要地物类型分为水稻田、建设用地、水体和其他植被(见表 3.1)。

表 3.1　研究区主要地物类型

Table 3.1　Land use types in study area

地物类型	说明
水稻田	指有水源保证和灌溉设施,在一般年景能正常灌溉,用于种植水稻的耕地
建设用地	公路、农村居民点
其他植被	园地、草地、其他农作物旱地、菜地
水体	包括河流水面、坑塘水面和养鱼池

3.1.2　遥感影像预处理

遥感影像辐射定标是将传感器记录的遥感数据灰度值(即 DN 值)转换为传感器入瞳亮度,进而转变为地面反射率的处理过程。

首先是用定标系数将原始 DN 值转换为大气层顶太阳辐亮度 L_λ,即:

$$L_\lambda = \text{gain} \times \text{DN} + \text{bias} \tag{3.1}$$

其中,L_λ 为测量的光谱辐亮度,DN 为记录的电信号数据,gain 为响应函数的斜率(通道增益),bias 为响应函数的截距(通道偏置)。

然后将大气层顶太阳辐亮度转换为行星反射率,即:

$$\rho_p = \frac{\pi \cdot L_\lambda \cdot d^2}{E\text{sun}_\lambda \cdot \cos\theta_s} \tag{3.2}$$

其中,ρ_p 表示行星反射率,无量纲;L_λ 表示传感器接收的光谱辐亮度,单位为 W・m^{-2}・sr^{-1}・μm^{-1};d 表示日地距离参数,无量纲;$E\text{sun}_\lambda$ 表示大气层顶平均太阳光谱辐射照度,单位为 W・m^{-2}・μm^{-1}。

辐射定标将传感器 DN 值转换为行星反射率,经过辐射定标后得到的行星反射率是将地物和大气看作一个整体的反射率,其中既包含地表目标物的反射信息,又包含大气对电磁波吸收和散射的影响。因此,为了获取地物的地面反射率,必须对行星反射率进行大气校正。

本研究采用 Tanré 等人(1990)所提出的 5S(Simulation of the Satellite Signal in the Solar Spectrum)模型进行大气校正。5S 模型主要是校正大气对光谱辐射的吸收和散射,其中吸收主要考虑气溶胶和大气分子(H_2O、O_2、O_3、CO_2)的吸收作用。在缺少大气测量数据的情况下,可以采用标准大气状况对影像进行大气校正。

对遥感影像的每一个波段分别选取不同地类的像元值,通过 5S 模型计算出各点对应的地表反射率,用来建立回归方程,用其回归系数对整个波段进行校正,然后将各波段合成。对遥感影像进行大气校正的流程如图 3.2 所示。

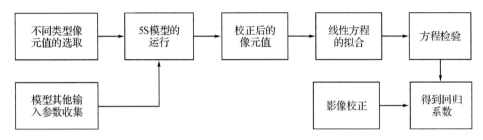

图 3.2　大气校正流程

Fig. 3.2　Flowchart of atmospheric correction

虽然影像在购买前已进行粗校正,但为了统一使用影像,并与其他数据相匹配,有必要对这些 TM 影像进行几何校正。研究中用来校正的标准数据是利用 Trimble XRS 亚米级 GPS 接收机在研究区内获取的,GPS 获取的数据是 WGS84 的经纬度坐标,将其导出时转换为研究区所在带号的高斯克吕格投影的大地坐标。以实测 GPS 数据作为控制点进行几何校正。

3.2　基于穗帽变换的水稻面积遥感估算

由于原始影像各个波段之间往往存在较强的相关性,如果不加选择地利用这些波段进行分类,不但增加多余的运算,有时反而会影响分类的准确性。因此,对原始影像 n 个波段进行变换提取特征波段参与分类是提高分类精度的一种有效手段。光谱波段特征变换的方法包括主成分变换、植被指数变换等。本研究使用穗帽变换(K-T 变换)获取新的特征变量(即亮度、绿度和湿度变量),从而开展研究区地物的分类以及水稻种植面积的提取。穗帽变换具有以下优点:①减少数据维数和数据量;②对于某一固定传感器的任何数据,变换矩阵系数无需重新定义,也无需调整即可直接使用;③穗帽变换后得到的特征变量直接对应重要的物理参数。

3.2.1　遥感影像分类特征变量的确定

表 3.2 为 TM 影像反射率穗帽变换矩阵系数,利用穗帽变换矩阵系数可以将由原始六个 TM 影像波段(去除热红外 TM6 波段)构成的六维光谱空间转为具有物理意义的亮度、绿度和湿度特征空间。穗帽变换的实质是对原始 TM 影像光谱空间坐标轴进行旋转,使亮度、绿度和湿度特征轴分别平行于由亮度、绿度和湿度这三个物理参数变化引起的像元点在光谱空间的位移方向,同时穿过这些点构成的点群。

表 3.2　TM 影像反射率穗帽变换矩阵系数

Table 3.2　Tasseled cap transformation coefficients for TM band reflectance data

特征变量	TM1	TM2	TM3	TM4	TM5	TM7
亮度变量	0.2043	0.4158	0.5524	0.5741	0.3124	0.2303
绿度变量	−0.1603	−0.2819	−0.4934	0.7940	−0.0002	−0.1446
湿度变量	0.0315	0.2021	0.3102	0.1594	−0.6806	−0.6109
第四变量	−0.2117	−0.0284	0.1302	−0.1007	0.6529	−0.7078
第五变量	−0.8669	−0.1835	0.3856	0.0408	−0.1132	0.2272
第六变量	0.3677	−0.8200	0.4354	0.0518	0.0066	−0.0104

注：引自 Crist(1985)。

首先对 2004 年 7 月 26 日和 2004 年 10 月 14 日的 TM 影像进行穗帽变换，分别获取水稻对应的前期和后期的亮度、绿度以及湿度特征变量，然后将这两组共六个变量合成在一起进行分类和水稻面积的提取。7 月 26 日处于水稻生长的前期，经过穗帽变换后，水稻田表现为较小的亮度，在数值上仅大于水体，小于建设用地、园地等绿色植被；绿度大于水体，但小于园地等绿色植被；稻田的湿度变量小于水体，但明显地大于建设用地和其他绿色植被，这一特征在水稻面积提取中有独特的作用。这个时相的亮度、绿度和湿度特征变量可以有效地解决水稻像元被误分为其他绿色植被的情况，尤其是湿度特征变量可以给出最有效的区分。10 月 14 日处于水稻生长的后期，水稻已经进入乳熟期甚至有部分进入成熟期，稻穗以及水稻叶片也开始变黄，因此这个时期的水稻不易与旱地作物区分，但是从绿度的角度考虑易与建筑物区分，从湿度的角度考虑易与水体区分，因为水体在湿度特征上仍然表现为较大值，而此时水稻田的湿度数值要远小于水体。可见，使用水稻早期和晚期不同时相卫星影像的穗帽变换变量开展水稻分类，既能避免误分为水体，也能避免误分为其他绿色植被，从而保证水稻面积提取的精度。

3.2.2　基于穗帽变换的水稻面积遥感估算结果

监督分类的主要方法有最大似然法（Maximum Likelihood Classifier，MLC）、最小距离法（Nearest-Mean Classifier）、平行六面体法、马氏距离法、光谱角和神经网络方法。其中最大似然法是传统单像元分类的基本方法，它考虑各类别的协方差矩阵，如果在有足够多的训练样本及类别分布的先验概率，且数据接近正态分布的条件下，分类精度高。但是因为本研究区比较小，所能够选取的样本数量较少，特别是一些较小类地物，基本满足不了最大似然法数据服从正态分布和具有较大数据量样本的条件。所以，本研究选用最小距离法进行分类。

最小距离法是一种常见的监督分类方法，它首先利用训练样本数据计算出每一类的均值向量及标准差向量，然后以均值向量作为该类在特征空间中的中心位置，计算输入图像中每个像元到各类中心的距离，到哪类距离最小，则将该像元归到哪一类。这种方法是以距离为判别准则（章孝灿等，2003）。最小距离法具有简单、快速的特点，并且对数据概率分布没有要求，对训练样本数目要求低，不需要类别先验概率，其缺点是没有考虑各类别的协方差矩阵，因此其分类精度受到一定限制。

对于监督分类，分类结果的优劣很大程度依赖于训练样本点的选取，训练样本点的选择是否有代表性对分类精度有直接影响，因为对于最小距离法，一个像元最终根据与各类中心点的距离归入某一类，而某类中心点及范围是通过训练样本点确定的。在经过辐射、几何校正后，根据地面调查 GPS 数据以及 IKONOS 融合影像进行训练样本的选取。首先根据地物的实际情况确定多个子类，然后再对子类进行合并获得最终的分类结果图。本研究在选取训练样本时分为 7 个子类，它们分别是水稻 1（基本完全是水稻的样本点）、水稻 2（大部分是水稻的混合像元)、建设用地1(较大的公路)、建设用地2(农村居民点)、水体(河流、养鱼塘)、园地(桑园、果园)、旱地(草地、非水田农用地)。其中后两类虽然分布面积较广,但面积都不大,因此往往是混合像元,最终将两者归为一类,即其他植被类。图3.3是基于穗帽变换的最终分类结果图。

水稻
建设用地
其他植被
水体

图3.3　基于穗帽变换的TM影像分类图(绿色为水稻种植区)

Fig. 3.3　Thematic map derived from TM images based on tasseled cap transformation

3.2.3　基于穗帽变换的水稻面积遥感估算精度验证

本研究的精度验证数据主要来自精度为亚米级的GPS地面调查矢量数据(见图3.1)。因为TM地面分辨率为30m×30m,为了便于将TM影像分类结果与GPS数据进行比较,需要将GPS调查的地物类型图统一到与TM影像相同的像元空间分辨率,即将GPS数据也转换为30m×30m分辨率的栅格图(见图3.4)。然后,以这个栅格图层作为参考数据对基于穗帽变换的多时相数据分类结果进行精度验证。在验证样本点选择时,主要有简单随机抽样、分层随机抽样和平均随机抽样三种抽样组织方式。本研究根据刘旭拢等(2006)对三种抽样方式进行比较分析的研究结果,采用分层随机抽样进行分类精度检验。

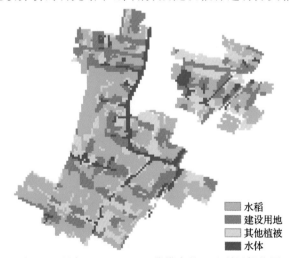

水稻
建设用地
其他植被
水体

图3.4　研究区30m×30m分辨率的土地利用栅格图

Fig. 3.4　The grid land-use map of study area with 30m×30m spatial resolution

1. 最小抽样点数量的确定

抽样调查的样本大小可按公式进行估计：

$$n = \frac{u_{1-\alpha/2}}{d^2} \times p \times (1-p) \qquad (3.3)$$

其中，n 为最小抽样点个数，p 为分类正确的百分比，u 为对应于置信水平从正态分布的概率表上所查得的值，d 为误差允许范围。

这里取 $p=0.5$，使 $p \times (1-p)$ 可以达到最大，以免 n 过小，$\alpha=0.05$ 即置信水平为 95%，查表得到 $u=1.96$，误差允许的范围为 $d=\pm5\%$，则 $n=384$。为了更精确地验证，本研究选取了 970 个验证样点，远大于取样要求的最小值。

2. 精度评价指标

遥感影像分类精度是指像元分类类别与其参考类别相比较的分类正确度。通常，衡量分类精度最广泛的方法是误差矩阵法，用误差矩阵法可以计算出制图精度、用户精度、总体精度和 Kappa 系数等分类精度评价指标。误差矩阵是通过分类结果与验证数据相比得到的。其中，制图精度反映某一类被正确分类的概率，可用每一类分类正确的像元数与参考数据中对应类像元总数的百分比表示，是分类者较为感兴趣的精度，对应的误差为漏分误差。用户精度则是反映分类图上一个像元与实际类型相一致的概率，可用某一类中分类正确的像元数与分到这一类像元总数的百分比表示，对应的误差为错分误差。制图精度与用户精度的差别在于精度计算时的基数，对于制图精度，其基数是参考图像上各类别的总数量；对于用户精度，其基数是被评价图像上各类别的总数量。总体精度是所有分类正确的像元数与总抽样数的百分比，反映分类结果总的正确程度。由于总体精度只利用误差矩阵主对角线上的元素，而未利用整个误差矩阵的信息，作为分类误差的全面衡量尚有不足。Kappa 系数基于不连续多变量统计分析原理，可以充分利用分类误差矩阵的信息，并能进行显著性测验，因而被经常使用。Kappa 系数的计算公式为：

$$K = \frac{N \sum_{i=1}^{r} X_{ii} - \sum_{i=1}^{r} (X_{i+} \times X_{+i})}{N^2 - \sum_{i=1}^{r} (X_{i+} \times X_{+i})} \qquad (3.4)$$

其中，K 为 Kappa 系数，r 为误差矩阵的总列数（即总的类别数），X_{ii} 为第 i 行第 i 列上的像元数量（即正确分类的像元数），X_{i+} 和 X_{+i} 分别为误差矩阵第 i 行和第 i 列的总像元数量，N 为总的用于精度评价的像元数。K 是一种评价两幅图之间吻合度的指标，K 不仅考虑对角线上被正确分类的像元，也考虑到不在对角线上的各种漏分和错分误差。对于 Kappa 系数，其值小于 0，分类质量为很差；其值位于 $0 \sim 0.2$，分类质量为差；其值位于 $0.2 \sim 0.4$，分类质量为一般；其值位于 $0.4 \sim 0.6$，分类质量为好；其值位于 $0.6 \sim 0.8$，分类质量为很好；其值位于 $0.8 \sim 1$，分类质量为极好。

3. 精度评价结果

表 3.3 为 TM 穗帽变换影像分类后的误差矩阵和基于制图精度、用户精度和总精度评价指标的分类评价结果，由表 3.3 可见，在分类后的水稻样点中随机选取了 479 个样点，这些样点中的 408 个被验证为水稻，即用户精度为 85.18%，剩下 71 个被误分为其他类型，错分误差为 14.82%。相对参考图像中水稻共有 484 个样点，其中 408 个被正确归入水稻类，

即制图精度为 84.30%,另外还有 76 个样本被漏分,即漏分误差为 16.94%。在这 76 个漏分的样本中,55 个被分为建设用地,20 个被分为其他植被地类,只有 1 个被分为水体。除了水稻的其他地类中,建设用地制图精度为 80.69%,用户精度为 68.12%;其他植被制图精度和用户精度分别为66.14%、71.02%;水体的制图精度和用户精度分别为 56.25%、92.31%。影像分类的总体精度为 78.04%,总 Kappa 系数为 0.6607。

表 3.3 穗帽变换影像分类图误差矩阵和分类精度评价

Table 3.3 Error matrix and accuracy assessment based on the classification of tasseled cap images

		参考数据					
	类别	水稻	建设用地	其他植被	水体	总和	用户精度
分类数据	水稻	408	19	44	8	479	85.18%
	建设用地	55	188	19	14	276	68.12%
	其他植被	20	25	125	6	176	71.02%
	水体	1	1	1	36	39	92.31%
	总和	484	233	189	64	总精度＝78.04%	
	制图精度	84.30%	80.69%	66.14%	56.25%		

4. 穗帽变换分类与原始影像分类结果的比较

表 3.4 为利用原始多时相影像进行分类的误差矩阵和分类精度。比较表 3.3 和表 3.4 可知,原始影像的总体分类精度为 74.12%,经过穗帽变换后,总体精度提高到 78.04%;水稻分类正确的像元数量由 395 个变为 408 个;制图精度和用户精度都有所提高,其中制图精度由 81.61% 提高到 84.30%,用户精度由 82.12% 提高到 85.18%。经过穗帽变换后分类影像总的 Kappa 值由 0.6010 提高到 0.6607。

表 3.4 原始影像多时相合成后的分类图误差矩阵和分类精度评价

Table 3.4 Error matrix and accuracy assessment based on the classification of multitemporal images

		参考数据					
	类别	水稻	建设用地	其他植被	水体	总和	用户精度
分类数据	水稻	395	38	34	14	481	82.12%
	建设用地	35	158	20	10	223	70.85%
	其他植被	53	36	134	8	231	58.01%
	水体	1	1	1	32	35	91.43%
	总和	484	233	189	64	总精度＝74.12%	
	制图精度	81.61%	67.81%	70.90%	50.00%		

3.3 基于神经网络和支持向量机的水稻种植面积遥感信息提取

由于最小距离法、神经网络模型和支持向量机模型都对数据概率分布没有要求,不需要类别先验概率,为了在相同条件下比较不同方法对水稻种植面积信息的提取能力,本节利用水稻生长季 2004 年 7 月 26 日(移栽后期)和 2004 年 10 月 14 日(成熟期)的 Landsat5 TM

遥感影像,同时采用最小距离法、后向传播神经网络模型（Back-Propagation Neural Network，BPN）、概率神经网络（Probabilistic Neural Network，PNN）、支持向量机网络模型四种方法对遥感影像进行分类,对分类结果进行面积估算,分析其精度。

BPN 网络是一种具有三层或三层以上的神经网络,包括输入层、隐含层和输出层。上下层之间实现全连接,而每层神经元之间无连接。BPN 算法的基本思想是:给网络赋予初始权值和阈值,前向计算网络的输出,根据实际输出与期望输出之间的误差,反向修改网络的权值和阈值,如此反复进行训练使误差达到最小。

概率神经网络（PNN）是径向基函数神经网络模型（Radial Basis Function Neural Network，RBF）的一种形式,是由 Specht(1990)提出的,它具有结构简单、训练快捷等特点。PNN 模型除了输入层外,由两层神经元构成:第一层采用径向基神经元,其个数与输入样本矢量的个数相同;第二层采用竞争层,其个数等于训练样本数据的类别数,每个神经元分别对应训练数据的一个类别。只有第一层的神经元具有阈值。在模式分类中,它的优势在于可以利用线性学习算法完成以往非线性算法所做的工作,同时又可以保持非线性算法高精度的特性,比较适合用于解决分类问题。

支持向量机由 Vapnik(1995)基于统计学习理论框架,针对两类线性可分数据的分类问题提出,但遥感影像分类问题中,待分目标的类别数一般都大于两类。近年来,国内外研究者提出很多种 SVM 分类算法,这些算法大致可以分为两类(辛宪会,2005):"一对一"分类法和"一对多"分类法。根据本研究的目的,选用"一对多"SVM 分类算法。

"一对多"SVM 算法是最早的用于多类问题的 SVM 分类方法。对于训练样本为 m 个类别的多分类问题,首先在第 i 类和其他 $m-1$ 个类之间构建分类超平面,这样,该算法构建 m 个二值 SVM 分类器。显然,基于"一对多"算法的 m 个类别的多分类问题,共有 m 个凸二次优化问题,求解这 m 个凸二次优化问题就可以得到 m 个分类决策函数。任意一个未知样本 x_i 的类别 y_i 的判别方法是,将样本点 x_i 分别代入 m 个分类决策函数中,具有最大分类函数值 $f_i(x)$, $i=1,2,\cdots,m$ 的那个类,即为样本点 x_i 的类别。

3.3.1　遥感影像分类特征变量的确定

本节通过分析 TM 影像特征信息、影像变换,利用最佳指数因子法确定最佳特征波段组合。

1. TM 影像特征信息统计分析

对多光谱遥感数据进行统计分析是图像处理的基础性工作。这些统计分析主要包括计算图像各波段的最大值、最小值、平均值、标准差等。表 3.5 为 2004 年 7 月 26 日和 2004 年 10 月 14 日 TM 影像各波段基本统计特征。对于 2004 年 7 月 26 日的影像,比较各波段的标准差,TM4 的标准差最大,按降序排列为 TM4>TM7>TM5>TM3>TM2>TM1,从这个结果来看,一个近红外波段（即第 4 波段）和一个中红外波段（即第 7 波段）的信息量最丰富,TM5 信息量次之,TM1 的信息量最小。对于 2004 年 10 月 14 日的影像,TM7 的标准差最大,按降序排列为 TM7>TM5>TM4>TM3>TM2>TM1,由此可见,两个中红外波段（即第 7 波段和第 5 波段）的信息量最丰富,TM4 信息量次之,TM1 的信息量最小。综合两幅影像,选取 TM5、TM4 和 TM7 用于影像分类的待选波段（见图 3.5）。

表 3.5　TM 影像各波段基本统计特征

Table 3.5　The basic statistical characteristics for all bands of TM images

日期	波段值	最小值	最大值	平均值	标准差
2004 年 7 月 26 日	TM1	0.1457	0.2053	0.1562	0.0053
	TM2	0.1003	0.1854	0.1170	0.0083
	TM3	0.0839	0.2507	0.1136	0.0174
	TM4	0.0686	0.4628	0.2568	0.0450
	TM5	0.0202	0.3856	0.1447	0.0328
	TM7	0.0053	0.5421	0.0892	0.0331
2004 年 10 月 14 日	TM1	0.1617	0.1958	0.1708	0.0033
	TM2	0.1147	0.1627	0.1278	0.0047
	TM3	0.1106	0.2112	0.1351	0.0097
	TM4	0.1025	0.3065	0.2105	0.0239
	TM5	0.0237	0.3702	0.1363	0.0277
	TM7	0.0104	0.4072	0.0916	0.0295

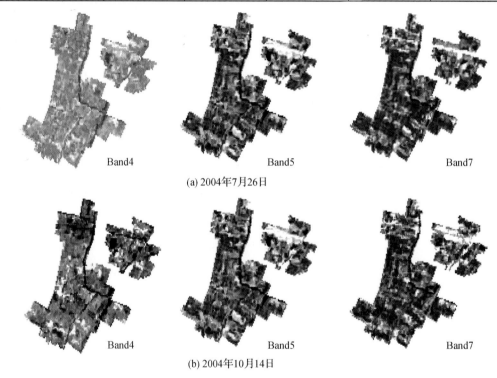

图 3.5　TM 影像 4、5、7 波段图

Fig. 3.5　Images of TM band 4，5 and 7

2. TM 影像变换

　　影像变换是为了突出相关的专题信息,它最大程度地利用多种数据的不同特性,使影像同时具有较高的光谱和空间分辨率,提高图像目视解译的效果,也提高图像特征识别的精度和分类精度。本节通过 TM 影像主成分变换(K-L 变换)和 NDVI 变换,以达到突出专题信息的目的。

　　主成分分析是遥感数据处理中最常用的技术之一,它是对原始多光谱或多向量图像进行空间线性正交变换,以产生一组新的成分图像,使高维图像降到低维的最佳波段组合,并保持尽量多的信息。新的图像各成分之间各自独立,互不相关。因此,主成分分析减小了原多光谱图像的相关性,突出了模式类别间的差异性。表 3.6 为 2004 年 7 月 26 日和 2004 年 10 月 14 日 TM 影像进行主成分变换得到不同成分的特征值、贡献率、累积贡献率,其变换矩阵如表 3.7 所示。

表 3.6　TM 影像主成分特征值与贡献率

Table 3.6　The principal component eigenvalue, explained and cumulative variance of TM images

日期	主成分	特征值	贡献率	累积贡献率
2004 年 7 月 26 日	PC1	0.0029	0.6301	0.6301
	PC2	0.0016	0.3396	0.9698
	PC3	0.0001	0.0202	0.9900
	PC4	0.0000	0.0087	0.9987
	PC5	0.0000	0.0009	0.9996
	PC6	0.0000	0.0004	1.0000
2004 年 10 月 14 日	PC1	0.0016	0.7002	0.7002
	PC2	0.0006	0.2581	0.9583
	PC3	0.0001	0.0271	0.9854
	PC4	0.0000	0.0124	0.9978
	PC5	0.0000	0.0014	0.9992
	PC6	0.0000	0.0008	1.0000

表 3.7　主成分变换矩阵

Table 3.7　The matrix of the principal component transformation

日期	主成分	TM1	TM2	TM3	TM4	TM5	TM7
2004 年 7 月 26 日	PC1	0.0218	−0.1122	−0.2242	−0.0273	0.3854	−0.8874
	PC2	0.0433	−0.1696	−0.3967	−0.1579	0.7600	0.4576
	PC3	0.0775	−0.3873	−0.7196	−0.2308	−0.5223	0.0129
	PC4	0.7008	0.6168	−0.3025	0.1912	−0.0209	0.0007
	PC5	0.5724	−0.2445	0.4037	−0.6696	0.0050	−0.0342
	PC6	0.4159	−0.6070	0.1414	0.6604	0.0264	0.0424
2004 年 10 月 14 日	PC1	0.0338	−0.0636	−0.2402	−0.1063	0.6945	−0.6660
	PC2	0.0539	−0.0925	−0.3850	−0.1817	0.5263	0.7283
	PC3	0.1223	−0.2255	−0.7519	−0.3205	−0.4901	−0.1610
	PC4	0.2282	0.8903	−0.3193	0.2305	−0.0113	−0.0069
	PC5	0.6722	0.1194	0.3508	−0.6409	−0.0043	−0.0059
	PC6	0.6907	−0.3601	−0.0610	0.6237	0.0196	0.0124

从表 3.6 中可以看出,对于第一幅影像,第一主成分贡献率为 63.01%,前两个主分量累积贡献率为 96.98%,前三个主分量累积贡献率为 99%;对于第二幅影像,第一主成分贡献率为 70.02%,前两个主分量累积贡献率为 95.83%,前三个主分量累积贡献率为 98.54%。这表明原 TM 六个波段的信息大多集中在前三个主分量上。经主成分变换后,PC1 图像纹理清晰,消除了阴影影响,地物层次分明;PC2 图像层次不清楚,地类轮廓模糊;PC3 图像模糊不清,图像杂乱(见图 3.6)。主成分变化生成的三个主分量互不相关,能够消除信息之间的相互影响,有助于遥感影像的判读与分类,但它的缺点也很明显,主成分之间并不像原始波段之间在物理意义和信息意义上等同,第一主成分具有最大的方差信息量,随后的主成分信息量逐渐减少而噪声逐渐增加。本节选取第一主成分加入遥感数据分类的波段组合中作为待选波段。

NDVI 是植被生长状态及植被覆盖度的最佳指示因子。NDVI 经比值处理,可以消除与太阳高度角、卫星观测角、地形、云/阴影和大气条件有关的辐射度条件变化等的部分影响。因

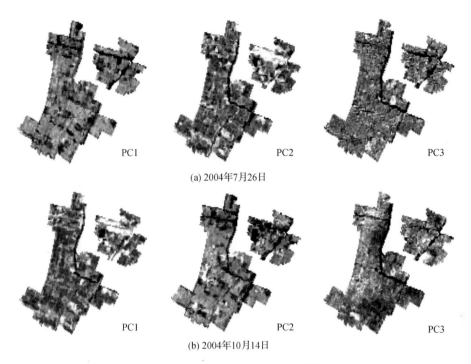

PC1　　　　　　　　　PC2　　　　　　　　　PC3

(a) 2004年7月26日

PC1　　　　　　　　　PC2　　　　　　　　　PC3

(b) 2004年10月14日

图 3.6　TM 影像前三个主成分图像

Fig. 3.6　Images of thr first three principal components of TM data

此,本节将 NDVI 作为一个变量加入用于影像分类的波段组合中作为待选波段(见图 3.7)。

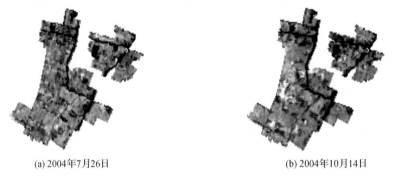

(a) 2004年7月26日　　　　　　　　　　　(b) 2004年10月14日

图 3.7　TM 影像 NDVI 图像

Fig. 3.7　NDVI images of TM data

3. 最佳特征波段组合

在对遥感数据进行信息提取或地物分类时,人们通常希望有更多的光谱波段,更多的辅助数据以及由此生成的各种变量;但又希望用较少的数据进行有效的分析,以提高信息提取的效率。因为过多的光谱波段及其变换变量同时参加地物信息提取与分类,不但增加计算机的负担,而且冗余数据会影响对地物信息的提取精度。因此,在众多的特征影像中选取最佳特征影像组合是遥感信息提取与分类过程中必须要解决的关键问题之一。

最佳指数因子法(Optimum Index Factor,OIF)是确定最佳特征波段组合的常用方法,该方法主要考虑两个方面:①组合波段的信息量最大,一般影像组合的标准差越大,则信息量越大;②波段间的相关性最小,波段的相关系数越小,则波段的独立性越强,信息冗余度越小。其公式为：

$$\text{OIF} = \frac{\sum_{i=1}^{3} S_i}{\sum_{i=1}^{3} |R_{ij}|}$$ (3.5)

其中，S_i 为第 i 个波段的标准差，R_{ij} 为第 i、j 两个波段的相关系数。OIF 越大，则相对应的组合波段的信息量越大，说明该组合方案最优。

利用之前选取的 TM4、TM5、TM7 及 PC1、NDVI 共 5 个波段，进行 $C_5^3 = 10$ 种波段组合，并对每个波段组合计算最佳指示因子。结果表明，对于 2004 年 7 月 26 日的影像，TM7-TM4-NDVI 组合的信息量最大；对于 2004 年 10 月 14 日的影像，PC1-TM4-NDVI 组合为最佳波段组合。因此，选取 2004 年 7 月 26 日影像的 TM7-TM4-NDVI 组合和 2004 年 10 月 14 日影像的 PC1-TM4-NDVI 组合用于遥感分类。

3.3.2　基于神经网络和支持向量机的水稻种植面积遥感估算与精度检验

将 GPS 实测土地利用现状矢量图（见图 3.1）转换为栅格图层（见图 3.4）作为选择训练样本的依据，叠加在影像图上，利用 ERDAS 的 AOI 工具选取水稻 970 个像元，水体 82 个像元，建筑 966 个像元，其他类 827 个像元，总共 2845 个像元作为训练样本，进行最小距离分类。然后将不同波段的所有样本像元分别转换为 ASCⅡ 码，以波段数为输入变量维数，随机选取 1845 个像元作为神经网络模型和支持向量机模型的输入变量，将不同地物类型作为神经网络模型和支持向量机模型的输出变量，进行模型训练，构建分类模型。并将剩余 1000 个像元作为检验样本，对不同神经网络模型和支持向量机模型分类精度进行检验。最后将训练好的模型用于整个研究区，实现研究区遥感分类。

1. 基于最小距离法的分类结果与精度分析

最小距离法分类结果见图 3.8，其精度见表 3.8。与实测土地利用图相比，将大部分零散分布、小面积的其他类别 335 个像元分成水稻，将大面积分布的其他类周围的大部分水稻

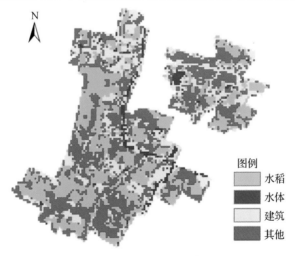

图 3.8　最小距离法分类专题图

Fig. 3.8　Thematic map from minimum-distance classifier

类 784 个像元都分成其他类,即水稻与其他类的混淆程度较大;将 469 个像元的建筑类也分成其他类;并将零散分布的小面积水体分成建筑和其他类,即分类图上蓝色水体显示较少。从水稻类的分类精度来看,制图精度为 62.51%,用户精度为 79.00%,这说明将水稻类分为其他三类的像元较多,将其他三类分为水稻的像元较少。Kappa 系数为 0.46。

表 3.8　最小距离分类误差矩阵和分类精度评价

Table 3.8　Error matrix and accuracy assessment based on the image classification using minimum-distance classifier

	分类类别	参考数据					
		水稻	水体	建筑	其他	行总和	用户精度
分类数据	水稻	1791	20	121	335	2267	79.00%
	水体	28	318	18	37	401	79.30%
	建筑	262	99	710	319	1390	51.07%
	其他	784	113	469	1173	2539	46.19%
	列总和	2865	550	1318	1864	6597	
	制图精度	62.51%	57.81%	53.87%	62.92%		
总精度=60.51%					Kappa 系数=0.46		

2. 基于 BPN 模型的分类结果与精度分析

本研究中分类所用的 BPN 模型输入层和隐含层的传递函数均采用 S 型的正切函数"tansig";输出层传递函数采用线性函数"purline";网络训练函数采用自适应 lrBPN 的梯度递减训练函数"traingda";网络学习函数采用梯度下降动量学习函数"learngdm";性能函数为均方误差"mse";BPN 结构:6—18—32—15—1;最大训练次数:10000;最大失败次数:10;学习速率:0.1。BPN 模型分类结果见图 3.9,精度评价结果见表 3.9。

图例
水稻
水体
建筑
其他

图 3.9　BPN 模型分类专题图

Fig. 3.9　Thematic map from BP classifier

当结构选择合适时,BPN 模型分类结果与实测土地利用类型结果相比,将 200 个水稻像元分为水体类,509 个像元分为其他类,同时将 497 个建筑类像元分为其他类;对于水稻,制图精度为 72.74%,用户精度为 78.43%,相对于最小距离分类,精度有所提高;但 Kappa 系

表 3.9　BPN 模型分类误差矩阵和分类精度评价

Table 3.9　Error matrix and accuracy assessment based on the image classification using BP classifier

	分类类别	参考数据				行总和	用户精度
		水稻	水体	建筑	其他		
分类数据	水稻	2084	32	103	448	2667	78.43%
	水体	200	339	169	434	1142	29.68%
	建筑	72	78	549	214	913	60.13%
	其他	509	101	497	768	1875	40.96%
	列总和	2865	550	1318	1864	6597	
	制图精度	72.74%	61.64%	41.65%	41.20%		
总精度=56.69%				Kappa 系数=0.41			

数为0.41,低于最小距离分类。

3. 基于 PNN 模型的分类结果与精度分析

对于概率神经网络,当训练的样本数据足够多时,概率神经网络收敛于一个贝叶斯分类器,且推广能力良好。概率神经网络的特点是人为调节的参数少,只有一个阈值(通过 SPREAD 来调节)。经过多次训练,SPREAD 选值为 0.003。分类结果见图 3.10,精度评价结果见表 3.10。

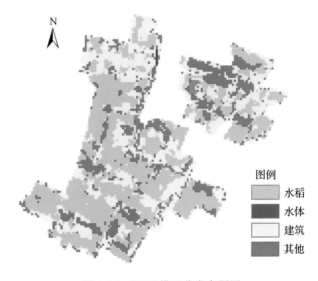

图例
　水稻
　水体
　建筑
　其他

图 3.10　PNN 模型分类专题图

Fig. 3.10　Thematic map from PNN classifier

表 3.10　PNN 模型分类误差矩阵和分类精度评价

Table 3.10　Error matrix and accuracy assessment based on the image classification using PNN classifier

	分类类别	参考数据				行总和	用户精度
		水稻	水体	建筑	其他		
分类数据	水稻	2359	36	190	633	3218	73.53%
	水体	6	315	3	26	350	90.00%
	建筑	382	105	1009	523	2019	49.98%
	其他	118	94	116	682	1010	67.52%
	列总和	2865	550	1318	1864	6597	
	制图精度	82.34%	57.27%	76.56%	36.60%		
总精度=66.17%				Kappa 系数=0.54			

对于概率神经网络,传播率选择过大时,对应的 PNN 模型将考虑附近的设计向量;传播率接近于 0 时,对应的 PNN 模型就成为一个最近邻域分类器,分类精度较高。当传播率选择合适时,PNN 模型分类结果与实测土地利用类型结果相比,PNN 模型对水稻分类,有 382 个像元被分为建筑类,而将大量零散分布的 633 个其他类像元分为水稻,因此分类图上绿色水稻类显示较多;其他类别除了一部分像元被分为水稻外,还有 523 个像元被分为建筑。对于水稻,其制图精度为 82.34%,用户精度为 73.53%,与其他模型相比,基本达到令人满意的结果。其整体分类精度也比最小距离法分类精度高。Kappa 系数为 0.54,高于最小距离分类。

4. 基于 SVM 模型的分类结果与精度分析

经过多次训练,选用 SVM-RBF 模型,采用"一对多"SVM 算法进行分类,其模型参数见表 3.11。SVM 模型的分类结果见图 3.11,精度评价结果见表 3.12。

表 3.11　SVM 模型结构和训练参数

Table 3.11　The structures and training parameters of SVM models

分类类别	核函数	C	ε	γ
水稻	RBF	1	0.01	0.9
水体	RBF	1	0.01	0.4
其他	RBF	1	0.7	0.7
建筑	RBF	1	0.1	0.6

注:C 为 SVM 的容错参数;ε 为 SVM 的一种算法;γ 为核参数。

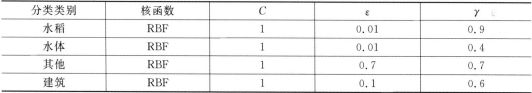

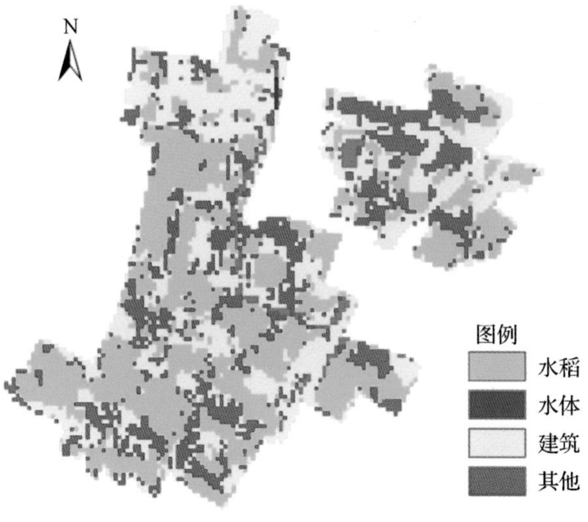

图 3.11　SVM 模型分类专题图

Fig. 3.11　Thematic map from SVM classifier

SVM 分类精度的影响因素很多,包括核函数、算法参数、训练样本的优劣等,但其训练过程稳定,分类精度相当高。SVM 模型分类结果与实测土地利用类型结果相比,将水稻的部分像元分为建筑类和其他类,并且大部分零散分布的其他类也被分为水稻;但从分类精度来看,其水稻制图精度为 76.96%,用户精度为 78.05%,从本研究分类状况来看,已达到较高

表 3. 12　SVM 模型分类误差矩阵和分类精度评价

Table 3.12　Error matrix and accuracy assessment based on the image classification using SVM classifier

	分类类别	参考数据				行总和	用户精度
		水稻	水体	建筑	其他		
分类数据	水稻	2205	26	115	479	2825	78.05%
	水体	12	318	3	31	364	87.36%
	建筑	352	101	1040	447	1940	53.61%
	其他	296	105	160	907	1468	61.78%
	列总和	2865	550	1318	1864	6597	
	制图精度	76.96%	57.82%	78.91%	48.66%		
总精度＝67.76%				Kappa 系数＝0.58			

精度。整体分类精度 67.76%,高于最小距离法分类精度。Kappa 系数为 0.58,也高于最小距离分类,其分类质量为好。

由于本研究的目的是提取水稻的种植面积信息,因此,在分类结果分析中,我们着重分析不同方法对水稻的分类精度。从不同方法的分类误差矩阵可以看出,各分类方法的总体精度与各个地类的分类精度差别都很大。对于水稻的分类结果,最小距离法的制图精度为 62.51%,BPN 模型为 72.74%,PNN 模型为 82.34%,SVM 模型为 76.96%,可见神经网络和支持向量机分类法的制图精度都要比最小距离法高。对于水稻分类的用户精度,最小距离法为 79.00%,BPN 模型为 78.43%,PNN 模型为 73.53%,SVM 模型为 78.05%,可见虽然神经网络模型和支持向量机模型的用户精度都要比最小距离法低,但基本上达到了满意的效果。从总体精度来看,SVM 模型最高,而 BPN 模型最低,这可能是由于在 BPN 方法中模型参数选择不合适,或是出现局部最优解,造成部分建筑被分成水体和其他类,而其他类有部分被分成水体,导致 BPN 模型总体精度下降。从 Kappa 系数来看,也是 SVM 模型最高,为 0.58,而 BPN 模型最低,为 0.41,这也是由于 BPN 模型中,除水稻外其他三种类型的误分造成的。

3.4　本章小结

本章基于数据挖掘的思路,对 Landsat5 TM 数据进行穗帽变换、主成分分析等预处理,采用最小距离法、后向传播神经网络模型、概率神经网络、支持向量机网络模型等分类方法,进行水稻面积遥感估算。结果发现对光谱波段进行穗帽变换后,水稻面积提取精度较使用未经穗帽变换的光谱波段有所提高。在对最小距离、BPN、PNN 和 SVM 等方法用于水稻面积提取分析比较后,发现用神经网络和支持向量机等非线性模型方法提取的水稻种植面积精度高于用最小距离分类法等统计模型提取的水稻种植面积提取精度,在水稻面积提取方面是较有潜力的工具。

第4章 基于知识发现的水稻种植面积遥感估算

现代科技和数据获取设备的迅速发展,极大地提高了社会经济各部门生产、收集、存储和处理数据的能力,使得各种数据资源日益丰富。可是,数据资源中蕴涵的知识远远没有得到充分的挖掘和利用,致使"数据爆炸但知识贫乏"。在20世纪末出现了多学科相互交融和相互促进的新兴边缘学科——知识发现(Knowledge Discovery in Database,KDD)(戴泳,2007),是从大量数据集中辨识出有效的、新颖的、潜在有用的、可被理解的模式的高级处理过程(Fayyad等,1996)。本章首先通过分析研究水稻典型发育期光谱特征,凝练出可以用于水稻面积遥感估算的知识;再以我国为研究区,采用8天合成的MOD09A1数据,根据试验样区水稻的光谱特性确定利用多时相MODIS数据识别水稻的方法,制作各年单季稻、早稻和晚稻的空间分布图;最后利用国家统计部门公布的统计数据和典型试验样区内利用TM/ETM+、SPOT、CBERS-CCD等中等空间分辨率遥感图像提取水稻面积,对利用多时相MODIS数据提取的水稻种植面积进行精度分析和检验。

4.1 水稻生长发育期光谱特征分析

水稻栽培的重要特征是从水稻移栽前稻田开始灌水,并在水稻生长期间大部分时间内保持比较充足的水分。因此,在水稻完全覆盖地表前,受水体背景影响较大,该时期可以用水体指数将其与其他植被区分开来;在水稻完全覆盖地表后,稻田植被指数较大,可以将其与水体区别开来。本研究用增强型植被指数(Enhanced Vegetation Index,EVI)和地表水分指数(Land Surface Water Index,LSWI)来表征这种变换。

EVI消除了大气噪声和土壤背景的部分影响,与其他植被指数相比,EVI对土壤背景和气溶胶的影响更不敏感,而且在植被覆盖比较大的地区更不易饱和,其公式为:

$$EVI = 2.5 \frac{\rho_{NIR} - \rho_{RED}}{\rho_{NIR} + 6\rho_{RED} - 7.5\rho_{BLUE} + 1} \tag{4.1}$$

MODIS影像有3个波段对含水量较敏感,分别是波段5(1230~1250nm)、波段6(1628~1652nm)和波段7(2105~2155nm),根据前人的研究结果,结合水稻特点,本研究采用MODIS波段2和波段6计算LSWI,其公式为:

$$LSWI = \frac{\rho_{860nm} - \rho_{1640nm}}{\rho_{860nm} + \rho_{1640nm}} \tag{4.2}$$

图4.1为2004年在浙江大学华家池校区试验农场(北纬30.23°,东经120.17°)进行的晚稻各主要发育期实地光谱观测所得到的EVI与LSWI变化曲线,以及相对应的照片。从总体上看,在水稻整个生长发育期间,由于稻田在大部分时间都有水层存在,一直保持着充足的水分,反映陆地表面水分(包括地表水与植被水分)状况的LSWI变化较小,而反映陆地

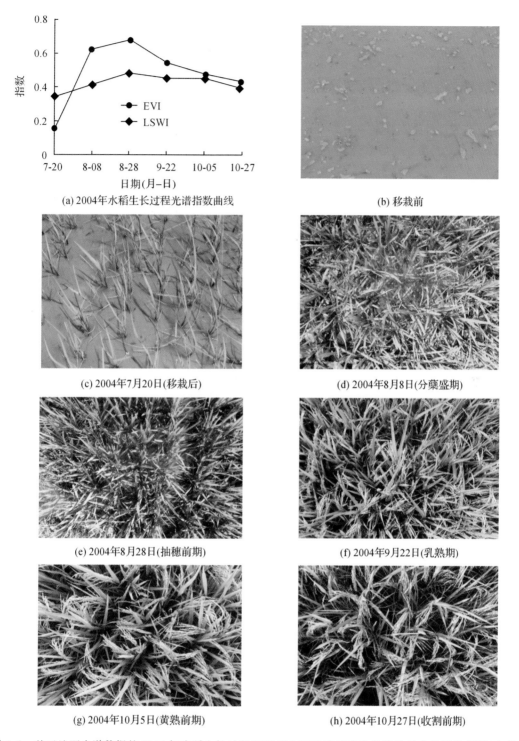

(a) 2004年水稻生长过程光谱指数曲线

(b) 移栽前

(c) 2004年7月20日(移栽后)

(d) 2004年8月8日(分蘖盛期)

(e) 2004年8月28日(抽穗前期)

(f) 2004年9月22日(乳熟期)

(g) 2004年10月5日(黄熟前期)

(h) 2004年10月27日(收割前期)

图 4.1 基于地面光谱数据的 2004 年晚稻生长过程 EVI 和 LSWI 季节变化曲线及对应的照片(浙江大学华家池校区试验农场:北纬 30.23°,东经 120.17°)

Fig. 4.1 Seasonal dynamics of EVI and LSWI during the late rice growth period based on ground-based spectral data in 2004 and corresponding pictures (Lat. 30.23°N, Lon. 120.17°E)

表面植被状况的 EVI 则因为水稻的生长发育经历由小到大再由大到小的变化过程。具体而言：①从移栽前至移栽后一段时间，冠层光谱由于受到地表水背景的影响，LSWI 比 EVI 大（图 4.1a～c）。②从分蘖盛期至抽穗期，水稻覆盖率逐渐变大，尤其在抽穗期，地表几乎完全被水稻冠层所覆盖。这段时间冠层光谱所反映地表水的信息逐渐变弱，但由于 LSWI 也反映植被叶片水分状况，所以 LSWI 变化较小；而这期间植被信息逐渐增强，因此 EVI 逐渐增大，表现为反映陆地植被状况的 EVI 比反映陆地表面水分状况的 LSWI 大（图 4.1a,d,e）。③从水稻乳熟期到收割前期，水稻逐渐成熟，EVI 逐渐变小（图 4.1a,f～h）。由于稻田还是处于几乎完全被水稻覆盖的状态，所以冠层光谱反映的水分信息还是较弱，仍然表现为 LSWI 小于 EVI。由此可知，在水稻整个生长发育过程，只有移栽期 LSWI 比 EVI 大；其他各时期，尤其是抽穗期，EVI 远大于 LSWI。水稻生长发育过程中的这种光谱变化特征为水稻面积遥感信息提取提供了有力依据。

根据对汨罗市水稻田实地调查，选取汨罗市西部的大农场的部分双季稻种植区块（北纬 28.88°～28.91°，东经 112.88°～112.94°），利用 MOD09A1 反射率数据，计算此区块各像元的 EVI、LSWI，然后平均得到此区块 EVI、LSWI 季节变化曲线（见图 4.2）。由图 4.2 可知，①无论对于早稻还是晚稻，在移栽期，反映陆地表面水分状况的 LSWI 比反映陆地植被状况的 EVI 大，且早稻比晚稻更明显，主要是因为湖南省晚稻移栽期较短。随着水稻的生长，水稻冠层覆盖率越大，EVI 逐渐增大，并超过 LSWI，在抽穗期 EVI 远大于 LSWI。②早稻收割至晚稻移栽这段时间，地表变为裸地，并立即灌溉为晚稻移栽做准备。这段时间 EVI 迅速减小，并出现小于 LSWI 的情况，随着晚稻的生长，在抽穗期 EVI 也远大于 LSWI。③晚稻成熟收割后，地表主要表现为裸地，EVI 再次变小。由于一般不再灌溉或种植其他作物，加上冬季天气干燥，LSWI 也明显变小。

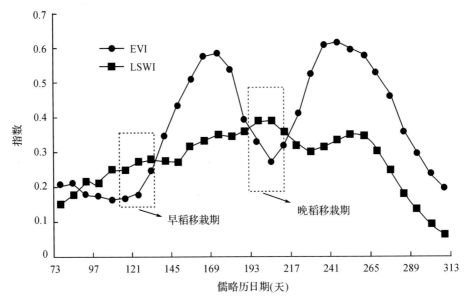

图 4.2　汨罗市 2008 年典型双季水稻区 MOD09A1 EVI、LSWI 季节变化曲线（北纬 28.88°～28.91°，东经 112.88°～112.94°）

Fig. 4.2　Seasonal dynamics of EVI and LSWI derived from MOD09A1 in 2008 for double-rice area in MiLuo city(Lat. 28.88°N～28.91°N, Lon. 112.88°E～112.94°E)

通过基于地面观测光谱及卫星遥感影像水稻各生育期光谱特征分析,都可以发现,在水稻移栽期,反映陆地表面水分状况的 LSWI 比反映陆地表面植被状况的 EVI 大;在抽穗期,EVI 比 LSWI 大。这些知识可以用于利用多时相遥感数据进行水稻面积估算。

4.2　基于知识发现的水稻种植面积遥感估算方法与技术路线

中国地域辽阔,地形和气候条件复杂多样,水稻的轮作制度和生长发育期在不同的区域有很大差异,水稻的移栽期也有很大的差异,这对提取水稻种植面积造成一定的困难。为了解决以上算法中存在的问题,本研究提出利用中国气象局农业气象台站观测的多年水稻发育期资料与其他数据互相补充共同确定水稻移栽期,然后将水稻移栽期的儒略历日期进行空间插值运算,从而得到全国范围的水稻生长发育期的空间分布,最后将全国的水稻种植区划分为相对均一的区域,生成若干个感兴趣区域(ROI)。这样就可以避免将全年各个时期的像元叠加起来带来误差的问题,同时,由于早稻和晚稻的移栽期相隔较长的一段时间,因此双季稻种植面积提取问题也可以被解决了。

为了确定水稻灌水移栽期 EVI 和 LSWI 之间的关系以用于水稻可能种植区提取,本研究根据我国水稻遥感信息获取的分区结果,在全国范围内不同的区域挑选了 198 个单季稻样点,87 个双季稻样点。通过质量评价(Quality Assessment,QA)信息对云及其阴影的检验,去除在灌水移栽期受云覆盖影响严重的样点,最后在全国范围内选择了 123 个有效的单季稻试验样点和 50 个有效的双季稻试验样点,保证所选的样点均具有代表性。本研究选择 2005 年的 MODIS 数据作为分析依据,根据从以上样点获取的资料,计算各个试验样区稻田灌水移栽期的平均 EVI 和 LSWI,结果见图 4.3。

通过第 4.1 节的资料分析结果就可以得出单季稻、早稻和晚稻的提取算法。对于单季稻或者早稻来说,其判别条件基本一致,即当移栽期某个像元符合 $LSWI>0.12$,$EVI<0.26$,并且 $(LSWI+0.05)>EVI$,那么该像元就可能为水稻田;对于晚稻来说,由于在移栽期受背景的影响较为严重,水稻田的 EVI 明显偏高,而 LSWI 几乎没有发生变化,这可能由于短波红外波段的波长较长,穿透能力更强的原因。因此,利用 $LSWI>0.12$,$EVI<0.35$,并且 $(LSWI+0.17)>EVI$ 来判断可能为水稻田的像元。

为了进一步去除以上可能为水稻田的区域内的永久性水体和其他非水稻田的像元,本研究采用另一个条件函数。试验表明,对水稻像元来说,在移栽期以后的第 6~11 个 8 天合成的时期(处于水稻的生长最旺盛的阶段),如果图像没有受到云的影响,那么这 6 个时期的平均 EVI 将大于 0.35,所以永久性水体和其他非水稻区域可以通过这个条件进一步被去除。

此外,为了减少提取结果的不确定性,DEM 也被用来去除不可能存在水稻的区域。在大多数的平原区域,由于灌溉的需要,绝大部分水稻田分布在坡度小于 5°,海拔高度小于 1500m 的地区;而在丘陵山区,由于存在梯田水田,稻田的坡度和海拔高度都较大,绝大部分稻田分布在坡度小于 15°,海拔高度小于 2400m 的区域(海拔最高的稻田分布在云南省和四川省),梯田主要分布在福建、浙江、江西、湖北、湖南、广东、广西、海南、四川、重庆、贵州、云南和西藏。在以上区域之外的稻田分布极少,而且地块的面积极小,一般不能够从 500m×500m 空间分辨率的 MODIS 图像中识别出来。因此,本研究根据平原和山区的差异性,按照以上分析的结果分别建立不同的掩膜去除不可能存在水稻的区域。如果在移栽期的图像

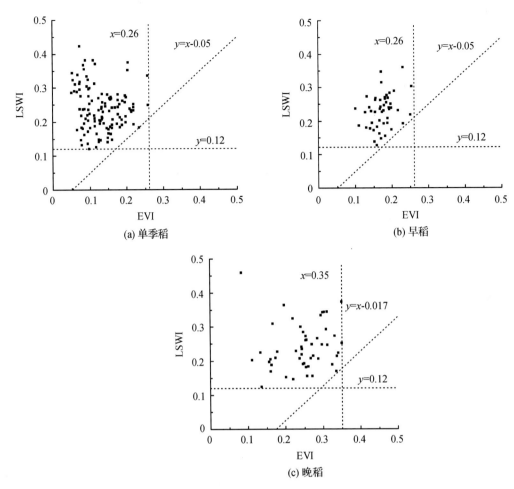

图 4.3　试验样区水稻田灌水移栽期 EVI 和 LSWI 的关系[①]

Fig. 4.3　Relationship between EVI and LSWI for paddy rice fields in the typical test sites during the flooding and transplanting period

中存在雪，那么雪将会对提取的结果产生很大的影响，因为雪同样具有高 LSWI 和低 EVI 的特点，这与水稻田的特点很相似，然而，水稻是一种喜温的作物，在水稻的移栽期时，雪已经退到高山或者高纬度地区，因此雪同时可以利用 DEM 去除。综上所述，利用 MODIS 数据提取水稻面积的整个过程可以通过图 4.4 表示出来。

4.3　时间序列 MODIS 数据去噪处理

　　本研究使用 8 天合成的 MOD09A1 数据，在处理时采用 8 天中观测角最小、云量或阴影以及气溶胶最少的数据。但是水稻种植区多半是季风气候区，由于天气条件的变化，合成后的影像中仍有很多地方存在大量云等干扰。通过 MODIS 产品所带有的质量评价（QA）信息数据，计算水稻生长期间，各时相湖南省受云污染的面积占全省面积的比率（见图 4.5）。由图 4.5 可以发现，除了 2003 年、2008 年有近一半时相的 MOD09A1 影像受云污染小于

---

　　①图 4.3 中的虚线为可能存在水稻的临界值。

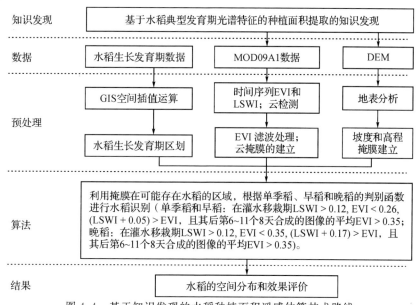

图 4.4　基于知识发现的水稻种植面积遥感估算技术路线

Fig. 4. 4　Flowchart of the paddy rice identification using MODIS data based on Knowledge Discovery in Database

10％以外,其他年份大部分时相(包括水稻生长期)的 MOD09A1 影像有大于 20％的地区受到云污染,2000 年、2005 年及 2006 年大部分时相的 MODIS 影像甚至有近 40％的地区受到云污染。如果剔除这些受云污染的像元,会使估算的水稻面积偏小。但是如果对这些受云污染的像元不进行处理,也会影响水稻面积估算的精度。所以处理受云污染的像元 EVI,获取相对较准确的数据,是进行水稻面积遥感估算的前提。

目前,用于遥感数据时间序列去除噪声的算法,主要包括滑动平均或者滑动均值法、最佳坡度系数截取算法(Best Index Slope Extraction,BISE)(Viovy 等,1992)、Savitzky-Golay 滤波算法(Chen 等,2004;Jönsson 和 Eklundh,2002)、傅立叶平滑算法(Cihlar,1996)、小波(Wavelet)平滑算法(Sakamoto 等,2005;Lu 等,2007;Gillian 等,2008)等。通过分析比较不同方法的适应性以及水稻生长期间的光谱特征,为了去除时间序列数据中的噪声,并尽可能地保持有用的 EVI 信息,本研究采用条件时间序列插值算法(Conditional Temporal Interpolation Filtering,CTIF)(Groten,1993)。由于植被的变化通常都是连续的,因此如果某时期在时间序列 EVI 剖面中存在云覆盖,那么 EVI 就会明显降低而出现"沟壑",所以该时期的 EVI 可以利用该时期之前和之后的两个像元值进行插值运算,填充"沟壑"。CTIF 法具有保持无云干扰像元的原始值的优点,并且能够修复受云及其阴影干扰的像元,是一种非常有效的去噪方法。

CTIF 方法的具体过程如下:首先,通过 MODIS 产品提供的 QA 信息检测图像中每个像元是否受到云干扰(包括云和云的阴影),如果没有受到云的干扰,那么就保持初始 EVI;如果受到云的干扰,并且前一时期或者后一时期的图像中都没有受到云的干扰,那么就采用该图像获取日期之前和之后的图像的均值代替被修复时期的 EVI,如果之前和之后时期的图像中仅有一个时期无云干扰,就用无云的 EVI 代替被修复的 EVI,如果前后时期的图像都受到云的干扰,即连续三个时期的图像中都受到云的干扰,那么该像元被认为是无效的,就从图像中去除该像元。

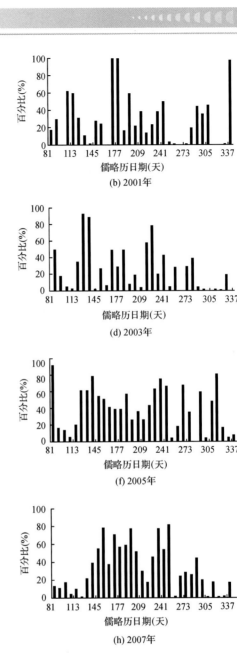

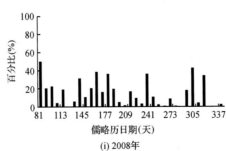

图 4.5 2000—2008 年水稻生长期内湖南省被云污染 MOD09A1 像元的百分比

Fig. 4.5 Percentage of cloud-contaminated pixels in MOD09A1 data in Hunan Province during rice growth period from 2000 to 2008

对 LSWI 而言,土壤可能受到灌溉或者降水的作用,土壤湿度出现突然改变,即土壤湿度在时间上往往不是连续变化。如果对 LSWI 进行平滑处理,平滑后的图像中很多有用的信息可能被同时去除了,所以,对 LSWI 不采用平滑处理,而保持其初始值。图 4.6 给出了代表性水稻田 EVI 和 LSWI 的时间序列曲线以及利用 CTIF 修复 EVI 的效果。

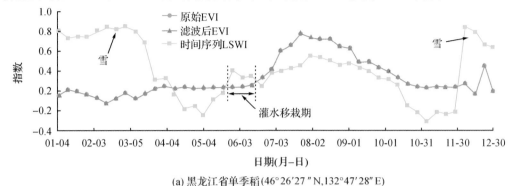

(a) 黑龙江省单季稻(46°26′27″N,132°47′28″E)

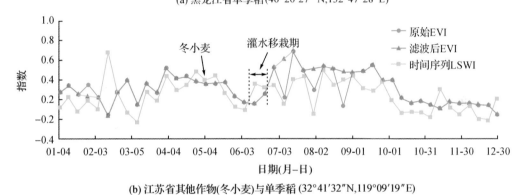

(b) 江苏省其他作物(冬小麦)与单季稻(32°41′32″N,119°09′19″E)

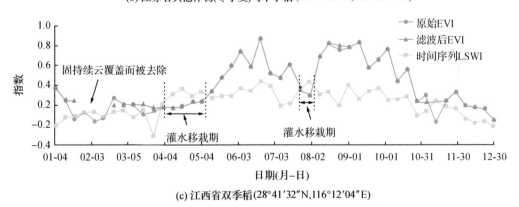

(c) 江西省双季稻(28°41′32″N,116°12′04″E)

图 4.6　2005 年典型试验样区的水稻田 EVI 和 LSWI 季节变化曲线以及利用 CTIF 算法修复 EVI 的效果

Fig. 4.6　Seasonal pattern of EVI and LSWI for rice and repairing effect of EVI by CTIF algorithm at the test sites in 2005

4.4　基于多时相 MODIS 数据提取的中国水稻空间分布

按照以上描述的方法提取 2000—2007 年全国范围的单季稻、早稻和晚稻空间分布信息见图 4.7~4.9(图中只反映了中国可能有水稻存在的陆地部分,没有包括中国南海在内的海洋区域)。

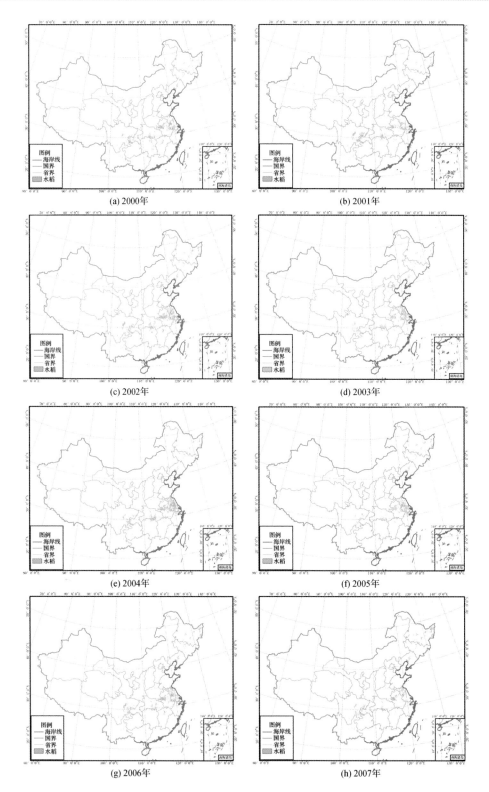

图 4.7　2000—2007 年利用 MODIS 数据提取的中国单季稻空间分布

Fig. 4.7　Spatial distribution of single rice derived from MODIS data in China from 2000 to 2007

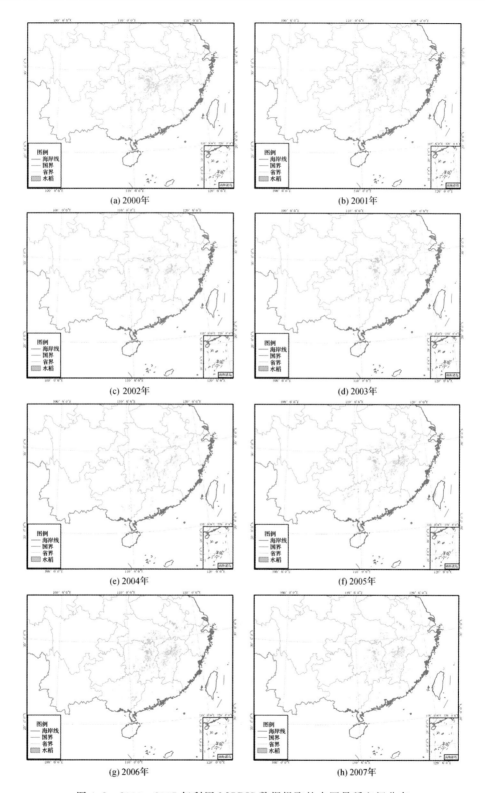

图 4.8　2000—2007 年利用 MODIS 数据提取的中国早稻空间分布

Fig. 4.8　Spatial distribution of early rice derived from MODIS data in China from 2000 to 2007

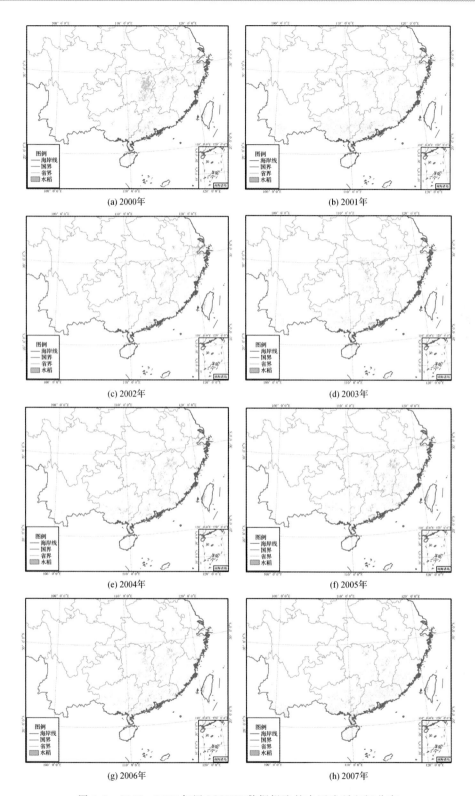

图 4.9　2000—2007 年用 MODIS 数据提取的中国晚稻空间分布

Fig. 4.9　Spatial distribution of late rice derived from MODIS data in China from 2000 to 2007

4.5　基于多时相 MODIS 数据提取的中国水稻种植面积精度检验

对于利用多时相 MODIS 数据提取的中国水稻种植面积,本研究从数量和空间位置两个方面进行精度验证。从水稻种植面积总量角度,利用国家统计部门的统计数据,按照省级行政单位对利用多时相 MODIS 数据提取的中国水稻种植面积进行面积验证。从水稻种植面积空间分布角度,本研究在典型试验样区选取合适时相的中等空间分辨率(如 Landsat、SPOT、CBERS)卫星影像的分类结果作为参考数据,以验证利用多时相 MODIS 数据提取的结果在空间位置上的匹配状况。

4.5.1　基于统计数据的中国水稻种植面积遥感估算精度验证

2000—2007 年利用 MODIS 数据提取的全国单季稻、早稻和晚稻的总面积与农业统计数据的比较结果见表 4.1。通过比较,利用 MODIS 数据提取的水稻面积的相对误差单季稻为 3.6%～26.7%,早稻为 3.1%～16.1%,晚稻为 4.1%～20.9%。图 4.10～4.12 为利用 MODIS 数据提取的单季稻、早稻和晚稻面积数据与省级单位的统计数据之间的散点图。通过比较显示在省级尺度上存在一定的误差。为了进一步分析这种误差是否可以被接受,由于统计样本较少,所以采用成对 t-检验进行分析,结果见表 4.2。分析结果显示,除了 2000 年、2001 年和 2005 年单季稻的面积存在较大的误差以外,其他年份的单季稻和所有年份的早稻和晚稻的面积都通过 0.05 水平的 t-检验,也就表明利用 MODIS 数据提取的结果与农业统计数据在整体水平上基本一致。

表 4.1　利用 MODIS 数据提取的 2000—2007 年全国单季稻、早稻和晚稻面积与农业统计数据比较的相对误差

Table 4.1　Relative errors of the MODIS-derived results for single rice, early rice, and late rice at national level in China comparing with the agricultural statistics from 2000 to 2007

年份 \ 类型	单季稻	早稻	晚稻
2000	22.8%	8.5%	4.1%
2001	26.7%	4.0%	19.9%
2002	3.6%	11.5%	13.2%
2003	10.7%	13.3%	9.5%
2004	9.1%	16.1%	20.9%
2005	21.3%	5.9%	13.9%
2006	10.7%	3.1%	18.5%
2007	13.2%	9.9%	7.4%

4.5.2　基于中等空间分辨率遥感解译结果的空间位置匹配检验

为了验证利用 MODIS 数据相对于更高分辨率影像的分类结果在空间位置的匹配状况,本研究根据分区的结果,在不同的区域选择典型的试验样区,利用对典型试验样区合适时相的中等分辨率图像分类结果,与利用 MODIS 数据的水稻提取结果进行比较。

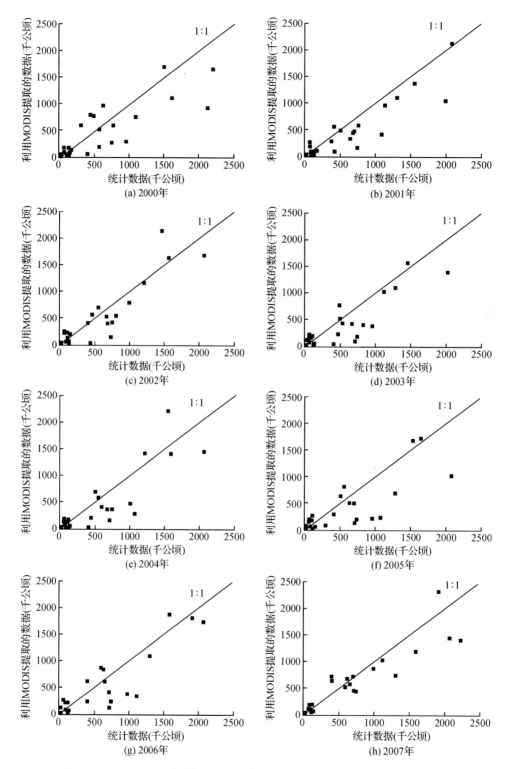

图 4.10　2000—2007 年利用 MODIS 提取的省级单季稻面积与统计数据比较

Fig. 4. 10　Correlations between rice areas derived from multiple temporal MODIS data and from the statistics at provincial level for single rice from 2000 to 2007

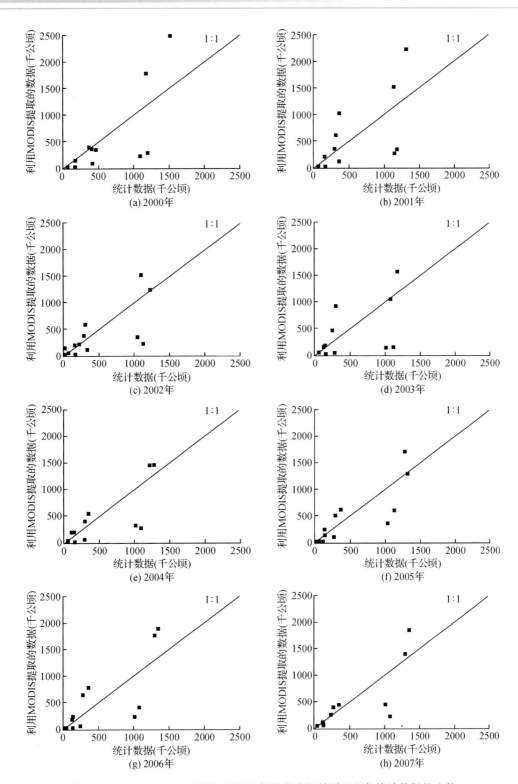

图 4.11　2000—2007 年利用 MODIS 提取的省级早稻面积与统计数据的比较

Fig. 4.11　Correlations between rice areas derived from multiple temporal MODIS data and from the statistics at provincial level for early rice from 2000 to 2007

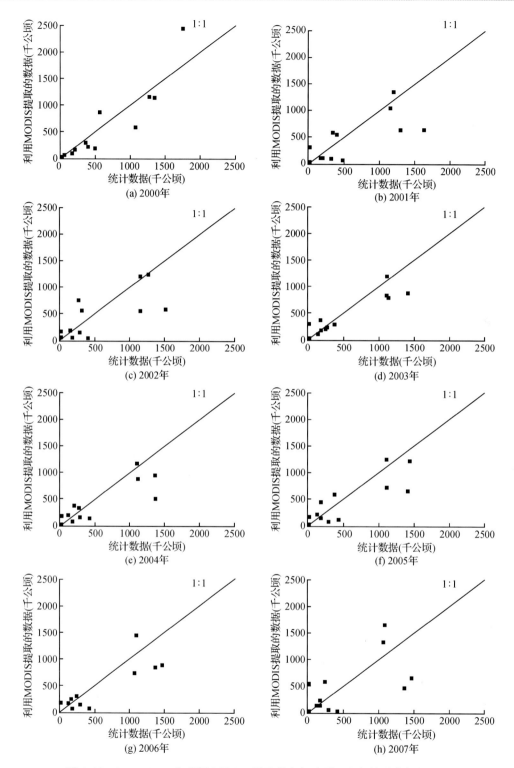

图 4.12　2000—2007 年利用 MODIS 提取的省级晚稻面积与统计数据的比较

Fig. 4.12　Correlations between rice areas derived from multiple temporal MODIS data and from the statistics at provincial level for late rice from 2000 to 2007

表 4.2 利用 MODIS 数据提取的省级水稻种植面积与统计数据在 0.05 水平的成对样本 t-检验显著性分析

Table 4.2 Significant analyses between rice planting areas derived from multiple temporal MODIS data and from the agricultural statistics at provincial level by pair sample t-test at the level of 0.05

年份	单季稻			早稻			晚稻		
	t 值	临界值	显著性	t 值	临界值	显著性	t 值	临界值	显著性
2000	2.004	1.703	否	0.426	1.771	是	0.475	1.753	是
2001	3.072	1.703	否	0.053	1.771	是	1.169	1.753	是
2002	0.378	1.703	是	0.636	1.771	是	0.783	1.753	是
2003	0.736	1.703	是	0.556	1.771	是	0.912	1.753	是
2004	0.638	1.703	是	0.921	1.771	是	1.393	1.753	是
2005	1.805	1.703	否	0.458	1.771	是	1.013	1.753	是
2006	1.171	1.703	是	0.039	1.771	是	1.309	1.753	是
2007	1.555	1.703	是	0.603	1.771	是	0.358	1.753	是

4.5.2.1 典型试验区中等空间分辨率遥感图像分类

通过对中等空间分辨率卫星影像进行几何精校正、辐射校正、图像镶嵌、投影转换等预处理后,利用监督分类法对以上图像进行计算机自动分类。通过试验比较平行六面体法、最小距离法、最大似然法、光谱角分类法、二进制编码法、神经网络法和支持向量机法等监督分类法的提取效果,最终采用平行六面体法的分类结果与同年内同一生长季的利用 MODIS 数据的分类结果进行比较,以验证两者空间位置的匹配情况。

由于在一个生长季内水稻的生长天数相对较短,一般不超过 150 天,而且受中等空间分辨率的重访周期较长和水稻分类最佳时相的限制以及可能受到云覆盖等因素的影响,因此选择适合水稻分类的中等空间分辨率遥感图像受到很大的限制,利用中等空间分辨率遥感图像在大范围内进行验证是很难实现的。为了验证利用 MODIS 数据的分类效果,本研究选取的试验样区不仅要保证无云覆盖,而且要便于对水稻进行分类且不受其他地物的干扰。此外,由于 MODIS 图像中混合像元非常普遍,为了验证不同纯度的像元对分类结果的影响,选取的试验样区内既要有大面积的相对比较纯的水稻种植区域,又要有比较零散的与其他地物混合成不同纯度的区域。本研究最终确定 4 个具有代表性的试验样区,选取不同传感器获取的多幅遥感图像,分别是位于黑龙江省 2007 年 8 月 23 日获取的 SPOT5 遥感图像(试验区 I),位于黑龙江省与吉林省交界的 2001 年 8 月 13 日(Path/Row:117/029)和 2001 年 9 月 21 日(Path/Row:118/029)获取的两幅相邻的 Landsat7 ETM+图像(试验区 II),位于江苏省的 2006 年 6 月 12 日获取的 CBERS CCD 图像(Path/Row:368/064)(试验区 III),以及位于江西省的 2004 年 5 月 10 日和 2004 年 7 月 24 日获取的 CBERS CCD 图像(Path/Row:371/068)(试验区 IV)。各个试验区的空间位置如图 4.13 所示。

对本研究选取的 4 个试验样区,根据水稻在不同时期不同图像中特有的光谱特征对各个试验区水稻进行分类。各试验样区选取的遥感图像中水稻的光谱特征和分类结果如下。

1. 试验样区 I

试验样区 I 位于黑龙江省东部,遥感图像覆盖的区域大部分在宝清县境内。该区为单季稻区,水稻在每年的 5 月下旬到 6 月上旬移栽,到 9 月下旬和 10 月上旬成熟,水稻在大田的生长期约为 4 个月。对试验区 I,本研究选用 2007 年 8 月 23 日获取的 SPOT5 遥感图像。通过图 4.14 的假彩色显示(红:波段 4;绿:波段 3;蓝:波段 2),与其他地物相比,水稻的光谱特征非常明显,所以很容易进行分类,并且不受其他地物的干扰。通过对图像进行一系列的

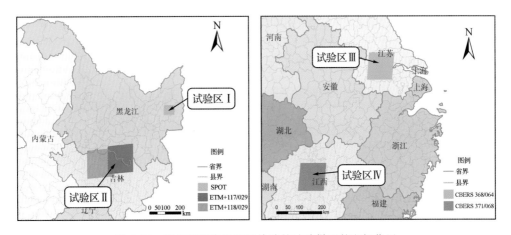

图 4.13　用于空间位置匹配检验的试验样区的空间位置

Fig. 4.13　Regions for the spatial distribution match validation

预处理后,利用监督分类法对图像进行分类。利用 SPOT5 图像的分类结果见图 4.15。

图 4.14　从位于黑龙江省的 2007 年 8 月 23 日获取的 SPOT5 图像中截取的部分图像(红:波段 4;
　　　　绿:波段 3;蓝:波段 2)

Fig. 4.14　Part of the SPOT5 image on Aug. 23rd, 2007, in Heilongjiang Province(red:band4;
　　　　green:band3;blue:band2)

2. 试验样区 Ⅱ

试验样区 Ⅱ 的遥感图像覆盖的区域位于黑龙江省的南部和吉林省的北部地区,图像覆盖的区域主要包括黑龙江省的尚志市、五常市,吉林省的榆树市、舒兰市、德惠市、九台市、扶余县、农安县等地区。该区为单季稻区,水稻在每年的 5 月中旬和下旬移栽,到 9 月下旬成

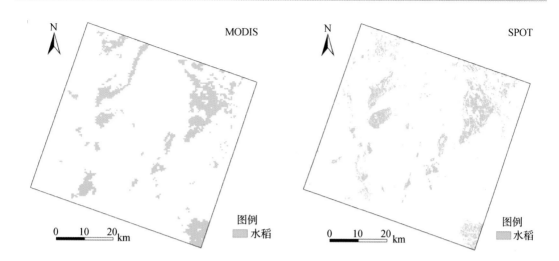

图 4.15　在试验区 I 利用 2007 年 MODIS 数据和 SPOT 数据对水稻的分类结果比较

Fig.4.15　Comparison between the MODIS-derived rice fields and the SPOT-derived ones

in test region Ⅰ in 2007

熟,水稻在大田的生长期约为 4 个月。对试验区 Ⅱ,本研究选用 2001 年 8 月 13 日(Path/Row:117/029)和 2001 年 9 月 21 日(Path/Row:118/029)获取的 Landsat7 ETM+图像,这两个时期水稻分别处于抽穗期和乳熟期。通过图 4.16 的假彩色显示(红:波段 7;绿:波段 4;蓝:波段 2),与其他地物相比,水稻的光谱特征很明显,可以与其他地物区分开。由于两景图像相邻,本研究分别对两者采用监督分类法进行分类,然后将分类结果进行拼接,得到该验证区域的水稻空间分布信息。根据以上两景 ETM+图像的最终分类结果见图 4.17。

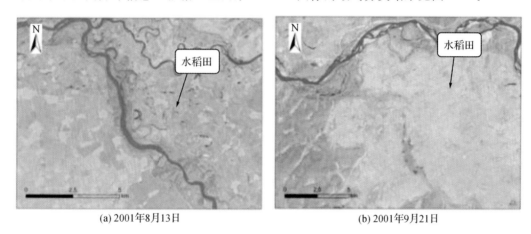

(a) 2001年8月13日　　　　　　　　　　(b) 2001年9月21日

图 4.16　从位于黑龙江省和吉林省的 2001 年 8 月 13 日和 2001 年 9 月 21 日获取的 Landsat7
ETM+中截取的部分图像(红:ETM7;绿:ETM4;蓝:ETM2)

Fig.4.16　Parts of the Landsat7 ETM+ images on Aug. 13th, 2001 and Sep. 21st, 2001,
in Heilongjiang and Jilin Province (red:ETM7; green:ETM4; blue:ETM2)

3.试验样区 Ⅲ

试验样区 Ⅲ 位于江苏省的南部,遥感图像覆盖的区域主要包括江都市、姜堰市、扬中市、泰兴市、丹徒区、句容市、丹阳市、金坛市、靖江市西部、江阴市西部等地区。该区为单季稻区,水稻在每年的 6 月中旬和下旬移栽(在小麦或者油菜收获以后),到 10 月中旬和下旬成熟,

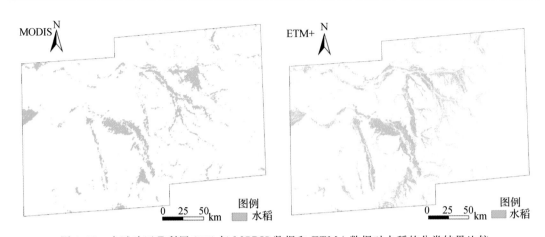

图 4.17 在试验区 II 利用 2001 年 MODIS 数据和 ETM＋数据对水稻的分类结果比较

Fig. 4.17 Comparison between the MODIS-derived rice fields and the ETM＋-derived ones

in test region II in 2001

水稻在大田的生长期约为 4 个月。对试验区 III，本研究选用 2006 年 6 月 12 日(Path/Row：368/064)获取的 CBERS CCD 图像。在这个时期水稻处于灌水移栽期，通过图 4.18 的假彩色显示(红：波段 3；绿：波段 4；蓝：波段 2)可以看出，与其他地物相比，稻田的土壤存在水的特征非常明显，并且稻田中的水与河流水、湖泊水有明显的区别，因此可以根据此时水稻田特有的光谱特征对水稻进行分类，从而得到该区域内水稻的空间分布。最终的分类结果见图 4.19。

图 4.18 从位于江苏省的 2006 年 6 月 12 日获取的 CBERS CCD 图像中截取的部分图像

（红：波段 3；绿：波段 4；蓝：波段 2）

Fig. 4.18 Part of the CBERS CCD image on Jun. 12th, 2006, in Jiangsu Province

(red：band3；green：band4；blue：band2)

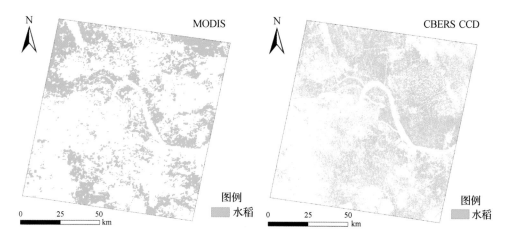

图 4.19　在试验区Ⅲ利用 2006 年 MODIS 数据和 CBERS CDD 数据对水稻的分类结果比较

Fig. 4.19　Comparison between the MODIS-derived rice fields and the CBERS CCD-derived ones in test region Ⅲ in 2006

4. 试验样区Ⅳ

试验样区Ⅳ位于江西省的北部,遥感图像覆盖的区域主要包括南昌市、南昌县、新建县、永修县、安义县、进贤县、高安市北部、丰城市北部等地区。该区为单双季稻混合区,单季稻在该区域的种植面积很少,以双季稻为主,所以本研究仅提取早稻和晚稻与利用 MODIS 数据的提取结果进行比较。早稻在每年的 4 月中旬和下旬移栽,到 7 月上旬和中旬成熟,在大田的生长期约为 80～90 天;晚稻在每年的 7 月下旬移栽,到 10 月中旬和下旬成熟,水稻在大田的生长期约为 90 天。由于要分别提取早稻和晚稻,因此在早稻和晚稻的生长期内选取不同的遥感数据作为水稻分类的依据。本研究选用 2004 年 5 月 10 日获取的 CBERS CCD 图像(Path/Row:371/068)作为早稻分类的依据,该时期早稻处于移栽期以后,进入分蘖初期,稻田的植被覆盖度还不高,水稻冠层没有完全覆盖下层的土壤。通过图 4.20(a)的假彩色显示(红:波段 3;绿:波段 4;蓝:波段 2)可以看出,与其他地物相比,稻田高土壤含水量的

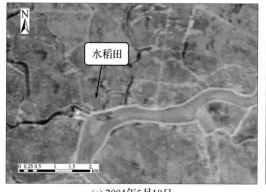

(a) 2004年5月10日

(b) 2004年7月24日

图 4.20　从位于江西省的 CBERS CCD 图像中截取的部分图像(红:波段 3;绿:波段 4;蓝:波段 2)

Fig. 4.20　Part of the CBERS CCD image in Jiangxi Province (red:band3; green:band4; blue:band2)

特征非常明显,并且稻田中的水与河流水、湖泊水有明显的区别,因此可根据此时水稻田特有的光谱特征对水稻进行分类,从而得到该区域内早稻的空间分布。本研究选用 2004 年 7 月 24 日获取的 CBERS CCD 图像(Path/Row:371/068)作为晚稻分类的依据,此时晚稻正处于灌水移栽期。通过图 4.20(b)的假彩色显示(红:波段 3;绿:波段 4;蓝:波段 2)可以看出,其光谱特征与早稻在灌水移栽期的相似,可以通过识别稻田高土壤含水量的特征对晚稻进行识别。根据以上两景遥感图像,对该区域早稻和晚稻的分类结果分别见图 4.21(b)和图 4.21(d)。

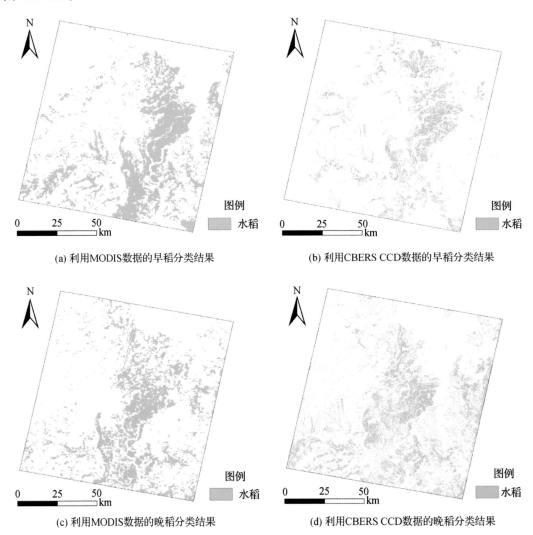

图 4.21　在试验区Ⅳ利用 2004 年 MODIS 数据和 CBERS CCD 数据对早稻和晚稻的分类结果比较

Fig. 4.21　Comparison between the MODIS-derived rice fields and the CBERS CCD-derived ones in test region Ⅳ in 2004

4.5.2.2　典型试验区的中等空间分辨率遥感数据与 MODIS 数据提取结果比较

根据以上对 4 个试验样区的最终分类结果,分别统计出各个试验区内利用中等空间分辨率遥感图像提取的水稻面积和利用 MODIS 数据的提取面积,比较它们之间的提取结果。

以中等空间分辨率的遥感数据的分类结果为参考,分别验证利用 MODIS 数据在各个试验样区内对水稻进行分类的面积统计结果的相对误差。然后,通过叠加运算计算它们的公共部分,以反映两者在空间上的一致性。它们的比较结果见表 4.3。

表 4.3　不同试验区利用 MODIS 和中等空间分辨率遥感数据提取水稻种植面积比较

Table 4.3　Comparison of rice areas derived from MODIS data and medium spatial resolution data at the test sites

试验区	中等分辨率数据的提取结果(公顷)	MODIS 数据的提取结果(公顷)	相对误差	中等分辨率数据和 MODIS 数据提取结果的公共部分(公顷)	公共部分占利用中等分辨率数据提取结果的比例	公共部分占利用 MODIS 数据提取结果的比例
Ⅰ	33032	36133	9.4%	21532	65.2%	59.6%
Ⅱ	316077	300408	5.0%	218283	69.1%	72.7%
Ⅲ	299402	311808	4.1%	154022	51.4%	49.4%
Ⅳ-早稻	233617	259803	11.2%	117724	50.4%	45.3%
Ⅳ-晚稻	184789	202571	9.6%	77969	42.2%	38.5%

遥感图像以像元作为最基本的数据记录单元。不同传感器的空间分辨率不同,所以信息获取的尺度效应也就不同。由于 MODIS 的空间分辨率比较低,混合像元在图像中是非常普遍的现象,混合像元问题是导致错误分类的重要原因。为了分析混合像元问题对提取结果产生的影响,本研究分析 MODIS 的每个像元内水稻占整个像元格的比例。网格化是分析不同分辨率图像之间尺度效应的有效方法,它可将多源数据进行匹配和融合,适合于空间模型的构建、实现和表达(张友水等,2007)。网格化的具体做法如下:首先建立与 MODIS 的空间分辨率一致(500m×500m)的矢量化单元格,然后以 SPOT、ETM＋和 CBERS CCD 数据的分类结果作为真值,统计每个单元格内水稻所占的比例,以反映 MODIS 的像元内水稻与其他地物的混合程度,如果网格内水稻的比例越高,说明该网格对应的 MODIS 像元的水稻纯度越高,纯度的计算公式为:

$$P = \frac{A_m}{A_{grid}} = \frac{nR_m^2}{L_{grid}^2} \tag{4.3}$$

其中,P 为水稻在网格内的纯度,A_m 为中等分辨率水稻像元的面积,A_{gid} 为一个网格的面积,n 为在一个网格内中等分辨率图像水稻像元的个数,R_m 为中等分辨率图像的空间分辨率,L_{grid} 为网格的边长。

通过对以上 4 个试验区进行网格化统计,每个网格内的水稻面积占该像元格的比例见图 4.22。为了说明混合像元问题对利用 MODIS 数据的分类结果的影响,本研究按照网格内水稻所占的比例分为 0.00～0.25、0.25～0.50、0.50～0.75 和 0.75～1.00 等 4 个级别,然后对各个试验区内不同纯度的网格进行验证,统计出不同水稻纯度级别内的网格可以被 MODIS 识别出的比例。对本研究选取的 4 个试验区的统计结果见表 4.4。通过对不同水稻纯度级别的网格可被 MODIS 识别比例的比较可以看出,网格内的水稻纯度越高,就越容易被 MODIS 识别出来。因此,利用 MODIS 数据提取水稻的精度取决于水稻与其他地物的混合程度,混合像元中水稻的纯度越低,那么提取结果的精度就越低。

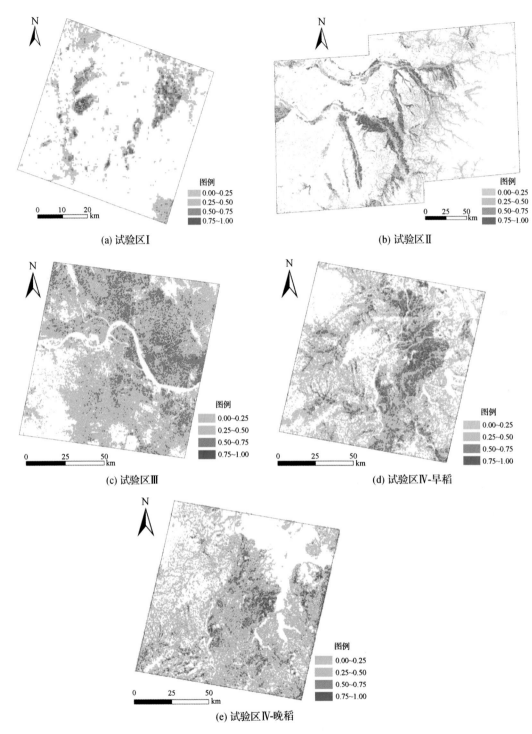

图 4.22　假设利用中等空间分辨率遥感数据的分类结果为真值计算的在每个 500m×500m 网格内水稻所占比例（纯度）

Fig. 4.22　Proportion of paddy rice in each 500m×500m grid（purity）on the hypothesis that the result derived from medium spatial resolution data is the truth

表 4.4　不同试验区不同水稻纯度的 500m×500m 的网格可以被 MODIS 识别的比例

Table 4.4　Proportion of the 500m×500m grids with different rice purity that can be identified by MODIS data at the test sites

网格内的水稻比例（纯度）	试验区 Ⅰ	试验区 Ⅱ	试验区 Ⅲ	试验区 Ⅳ	
				早稻	晚稻
0.00~0.25	24.4%	9.4%	20.2%	14.5%	11.9%
0.25~0.50	61.9%	34.2%	49.9%	46.6%	37.1%
0.50~0.75	80.3%	52.1%	70.5%	65.1%	62.7%
0.75~1.00	90.4%	82.3%	86.7%	80.8%	73.7%

4.6　本章小结

本章根据知识发现的理念,首先利用地面实测光谱数据和 MODIS 数据,分析研究水稻典型发育期的光谱特征,凝练出可以用于水稻面积遥感估算的知识,提出基于知识发现的水稻种植面积遥感估算方法与技术路线。然后以我国为研究区,采用 8 天合成的 MOD09A1 数据,制作 2000—2007 年单季稻、早稻和晚稻的空间分布图。最后利用统计数据和典型试验样区内中等空间分辨率遥感图像提取水稻面积,对使用 MODIS 数据的水稻种植面积遥感估算结果进行总体精度验证和空间匹配的精度验证。结果表明在大面积集中连片水稻种植区,提取精度较高,效果较好,但在个别地区还有一定误差,误差来源主要表现在以下几个方面。

(1)云及其阴影的影响。为了说明云的影响,本研究根据气象台站多年的记录资料和利用 MODIS 数据识别的结果,统计出 2000—2007 年全国范围内县级行政单元的水稻灌水移栽期被云及其阴影覆盖的像元的比例。由于水稻的灌水移栽期一般会持续一段时间,即可能包括几个时期的 8 天合成的 MODIS 图像,所以本研究识别出在这一段时间内的每个时期均被云覆盖的像元,并统计出它在县级行政区域内的比例。根据 2000—2007 年的云及其阴影覆盖的统计结果表明,在贵州、四川、重庆和湖南南部的单季稻种植区,受云及其阴影影响的像元比例在 30%～60%,甚至更高;在广东南部和广西等早稻和晚稻种植区,受云及其阴影影响的像元比例在 20%～50%,甚至更高。在这些区域,由于云覆盖的影响极为严重,导致在这些区域应用 MODIS 数据提取水稻的效果不理想。本研究表明利用 MODIS 识别水稻面积严重偏少的省份,都是云覆盖非常严重的地区。因此,在这些多云覆盖的区域应该考虑采用微波遥感的方式获取水稻的空间分布信息,才能克服遥感图像受云干扰的问题。

(2)混合像元的影响。尽管 MODIS 中前两个波段的空间分辨率为 250m×250m,然而 LSWI 计算中波段 6 的空间分辨率为 500m×500m,水稻面积提取的最终空间分辨率由分辨率最低的波段决定,即 500m×500m。然而,水稻种植由于受地形和单家单户管理方式的限制,除了大规模的农场外,大多数的稻田田块都比较小,结构比较复杂,MODIS 500m×500m 的空间分辨率是比较低的,卫星传感器记录的地物反射率实际上是各种地物混合以后的综合结果,因此混合像元问题直接影响分类的结果,在本研究选取的试验样区分析中也揭示了这个问题。在平原地区,田块的规模一般较大,结构比较均一,彼此相邻的田块可以形成较大的连片区域,因此可能存在相对比较纯的水稻像元;而在山区,由于受地形的限制,田块规模一般比较小,水稻田与其周围的像元混合比较严重,错分和漏分的误差就比较大,所以在这些区域利用低空间分辨率的 MODIS 数据估算水稻面积可能是比较困难的。通过对本研究选取的试验样区内不同水稻纯度级别的网格可被 MODIS 识别比例的比较可以看出,网格内的水稻纯度越高,就越容易被 MODIS 识别出来;相反,网格内的水稻纯度越低,就越难被低空间分辨率的 MODIS 传感器识别出来。因此,在一些地区由于受地形或者其他因素影响导致水稻地块比较破碎,所以,识别的水稻空间分布信息与实际种植区的空间位置的匹配精度一般较低。这也反映出 MODIS 数据只能适用于大尺度的水稻制图和面积信息提取,而不适用于详细、精确的大比例尺制图和种植面积信息提取。2008 年 9 月 6 日发射升空的中国环境与灾害监测预报小卫星星座,由 A、B 两颗中等分辨率光学小卫星组成,搭载的 CCD 相机蓝、绿、红、近红外波段可以提供 30m×30m 分辨率的数据,在双星条件下,重访周期为 2 天,可以大大降低混合像元的影响。

(3)其他地物的影响。由于本研究的算法是基于水稻生长发育期间的光谱特征凝练出来的知识,可以去除与水稻生长发育期不同的湿地或者其他灌溉作物的面积信息,但是如果在水稻的灌水移栽期正好存在湿地或者其他作物的地块由于降雨或灌溉而具有高土壤含水量的特点,就会对水稻的识别产生干扰,造成错误分类而高估水稻的种植面积。

第5章　水稻面积遥感估算的不确定性研究

　　遥感影像分类是利用卫星数据进行水稻种植面积遥感估算的主要方法,遥感影像分类方法很多,根据是否需要训练样本可分为监督分类(Supervised Classification)和非监督分类(Unsupervised Classification)。监督分类法主要有最大似然法(MLC)、最小距离法、光谱角分类法(Spectral Angle Classifier)等;非监督分类法主要有 K-均值(K-means)、迭代自组织数据分析(Iterative Self Organize Data Analysis)等。根据分类方法对数据分布的要求,将遥感影像的分类方法分为参数型(Parametric)和非参数型(Nonparametric)两种。参数型分类器假设数据服从某种传统的概率分布(一般都是假设呈正态分布),最常见的就是 MLC法;而非参数型分类器则不对数据分布进行任何假设,常见的非参数型分类器有平行六面体法(Level-Slice Classifier)、最邻近法(Nearest-Neighbors Classifier)和人工神经网络(Artificial Neural Networks)等。根据最后像元的类别归属划分方法,可将分类方法分为硬分类(Hard Classification)和软分类(Soft Classification)。硬分类是指最后分类的每一个像元只能被划分为一个类别的分类方法,一般传统的分类方法都是硬分类;图像上的每一个像元可以同时被分到两个或两个以上的类别的分类方法称为软分类,模糊分类和混合像元分解等分类法属于软分类,利用最大似然法和神经网络法等分类方法都可以实现软分类。

　　分类方法不同是导致水稻面积遥感估算结果不确定性的主要因素之一,即使同样的数据,经过同样的处理后,采用不同的分类器可能会得到差异很大的分类结果。为此,选择最大似然法(MLC)、K-最邻近值法(K-Nearest Neighbors,KNN)、后向传播神经网络模型以及模糊自适应网络(FUZZY ARTMAP)四种分类算法,采用各算法单独分类、多种分类算法结合以及全模糊 BP 神经网络分类等不同的分类策略,利用 TM 和模拟影像数据分类,比较不同分类方法引起的水稻面积提取的不确定性,分析像元纯度引起的水稻面积遥感估算的不确定性,以及研究地面参考数据尺度扩展后类别面积和位置的不确定性,最后实现水稻面积遥感估算不确定性的可视化表达。

5.1　研究区分类影像数据和研究方法

　　本研究使用的数据主要包括:①利用亚米级 GPS 获取的研究区不同地物类型的矢量图(见图 3.1),及其生成的研究区 1m×1m 分辨率的土地利用栅格图。②2004 年 7 月 19 日 Landsat5 的 TM 影像,条带号/行编号为 118/39。利用 Trimble Geo XT 亚米级 GPS 测定的 23 对地面控制点对 TM 影像进行几何校正,采用最邻近法重采样,校正结果的总均方根误差为 0.29 个像元,校正后 TM 影像用于水稻面积提取方法不确定性比较研究。

5.1.1　遥感模拟影像

　　利用研究区 2004 年 7 月 19 日 TM 影像光谱数据和 1m×1m 的 GPS 详查图地物属性

信息模拟生成 1m×1m 的遥感模拟影像,遥感影像模拟流程如图 5.1 所示。具体流程如下:首先从 TM 影像选取 7 种地物(建筑、水稻、旱地、大豆、道路、树、水体)的纯像元各波段 DN 值,再根据波段 DN 值的平均值和方差,针对 1m×1m 分辨率的地物类别专题图的每个像元用正态分布随机生成 6 种地物的 6 波段 1m×1m 原始模拟影像,原始模拟影像经平均值法尺度扩展生成 30m×30m 栅格的模拟遥感影像,用于全模糊分类。

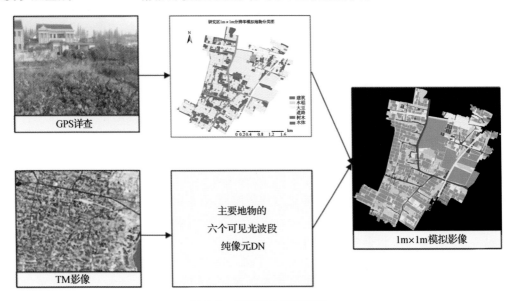

图 5.1　遥感影像模拟流程

Fig. 5.1　Flowchart of simulation of remote sensing image

5.1.2　训练样本和分类参数选择

1. TM 影像训练样本选择

因为 TM 影像有些类别的纯像元很少,四种单独的硬分类的训练样本是选择各地物的像元纯度大于 90% 的像元中样本数量的 70% 为训练样本,训练样数总数为 1814,其中建筑、水稻、旱地、大豆、道路、树、水体样本数分别为 399、1034、56、107、18、95 和 105;利用 BPN 和 KNN 分类法的概率向量实现部分模糊分类,即概率值代表像元内类别面积比重;全模糊分类则随意选择和硬分类相同数量的训练样本。

2. 模拟影像训练样本选择

模拟影像部分模糊分类用 BPN 和 KNN 法,训练样数选纯度大于 90% 的像元,选择样本总数为 1871,其中建筑、水稻、大豆、道路、树、水体样本数分别为 462、925、197、41、98、148,全模糊分类则随意选择和部分模糊分类相同数量的训练样本。

3. 分类参数设置

所有分类法的输入变量均为 6 个波段的 DN 值(1~5 及 7 波段)。比较 KNN 法的 k 值为 2、3、4、5、6 的结果,以 $k=5$ 最优,输出变量为类别编码和各类别的概率值向量。BPN 网络的分类法是采用 BPN 网络的贝叶斯正则化算法,利用 Matlab 中 NNTool 的 trainbr 函数实现,TM 影像(模拟影像)的网络结构为 6−50−7(6),隐藏层转换函数为正切函数,输出层为对数函数,网络训练迭代数为 5000,硬分类输出变量为各类别的概率值向量而模糊分类输出为各类别的面积比重。FUZZY ARTMAP 分类法选择 0.10、0.50、0.75 和 0.90 等几种警戒系数进行比较,最后选择分类结果最好的警戒系数为 0.75 进行网络训练,以像元的 6 个波段 DN 值和相应的像元类别向量训练网络,对未知像元进行分类,输出为像元分类类别,网络输出变量为各类别的编码。

本研究只对 TM 影像分类结果进行多分类器结合分类,采用下面两种结合方法:一种是投票级,以四种分类法的硬分类结果进行投票,采用多数投票法则,对于票数相等情况则指定选 KNN 分类结果,这样全部的像元都有类别归属,便于和单独的分类器结果比较;另一种是测量级,对 KNN、BPN 硬分类的概率向量和全模糊 BPN 面积比重向量求平均,最后以多数法则确定类别。

5.1.3　分类结果评价

采用混淆矩阵的总精度、制图精度、用户精度和 Kappa 系数作为精度评价指标,利用实地调查的全部研究区的地面参考数据对硬分类结果进行精度评价。另外设计了一个新的指标——精度积(制图精度和用户精度的乘积)作为各类别的分类总精度评价指标。针对模糊分类的精度评价,采用分类结果和参考数据之间像元内各类别面积比重的相关系数和 RMSE 作为评价指标。采用成对法 t 检验作为像元内类别面积比重差异的评价指标,类别 i 的 t 值计算公式为:

$$t_i = \frac{(\overline{d}_i - 0)}{\sqrt{\dfrac{S_i^2 - 0}{n}}} \tag{5.1}$$

其中,$\overline{d}_i$ 为 i 类地物像元的类别面积比重和参考数据类别面积比重的差值的平均数,S_i^2 为 i 类像元的分类面积比重和参考数据类别面积比重的差值的方差,n 为 i 类像元的类别面积比重大于 0 的像元数。

5.1.4　分类不确定性可视化表达

分类精度的空间位置不确定性信息有助于进一步分析遥感数据质量和基于遥感分类数据的应用和决策,但是目前常用的遥感影像处理软件(如 ERDAS IMAGE 和 ENVI)还没有生成分类结果精度的空间位置图层的功能模块。Goodchild 等(1992)指出分类结果的不确定性可以用概率向量表达,为了描述在最大似然分类中引入的不确定性,可以使用分类过程本身所生成的概率矢量。很多分类方法,都可以得到像元的各类别概率矢量,如最大似然法、KNN 分类法、BPN 分类法。假设有 n 个待分类别,遥感影像像元 X 属于所有 n 个待分类别($L_1, L_2, \cdots, L_n$)的概率矢量可以表示为:

$$[p(L_1 | X), p(L_2 | X), \cdots, p(L_n | X)] \tag{5.2}$$

像元 X 分类为某类别时,常常并非 100% 属于某类别,而是其属于该类别的可能性最大,像元属于该类别的最大概率越大,表示分类结果的不确定性就越小。

熵值也是一个表达分类不确定性的指标(Foody 等,1992;Maselli 等,1994;Fisher,1994;Thierry 和 Lowell,2001;Arko,2004)。在遥感分类结果不确定性表达上,可利用分类的概率矢量计算像元 X 的熵值,计算公式为:

$$H = -\sum_{i=1}^{n} (p(L_i | X) \log_2 (p(L_i | X))) \tag{5.3}$$

从式(5.3)可知,熵值越小,表明该像元分类结果的精度可信度越高,不确定性越小。当最大后验概率为 1 时,该像元 100％ 属于最大后验概率所指的类别,不再需要额外信息,这时概率熵值达到最小。

本研究利用 KNN、BPN 等分类器判定像元各类别归属的后验概率值,在 Matlab 中计算生成像元的各类别概率值矩阵、最大概率值和熵值矩阵,再导入 ENVI,经几何配准后,生成相应的图层,作为分类结果图必要的系列产品来表达分类精度的空间变异性。

5.2 分类方法引起的水稻面积遥感估算的不确定性

5.2.1 基于不同分类器单独硬分类的水稻面积遥感估算结果比较

图 5.2 是四种分类方法的分类专题图,表 5.1~5.4 是各种分类方法分类结果精度评价的混淆矩阵,包括总精度、制图精度、用户精度和 Kappa 系数。从四种分类法的总精度和 Kappa 系数比较可以看出,KNN 分类法最高,其次是 FUZZY ARTMAP,再次是 BPN,最低的是最大似然法。KNN 和 FUZZY ARTMAP 以及 BPN 的总精度差异分别为 1.44％ 和 1.71％,Kappa 系数的差异分别为 0.24％ 和 2.22％,KNN 和最大似然法的总精度以及 Kappa 系数

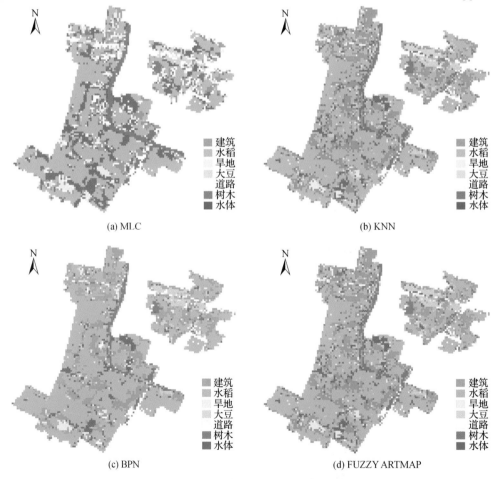

图 5.2 四种分类方法的分类专题图

Fig. 5.2 Thematic maps of four classifiers

差异较大,分别达到 10.02％和 10.68％。

比较不同分类法的各类别制图精度和用户精度发现,并不都是 KNN 法最高。从制图精度上看,水稻类使用 KNN 分类法精度最高;道路类、树木类、水体类使用最大似然法精度最高;建筑类、大豆类、旱地类使用 FUZZY ARTMAP 精度最高。从用户精度上看,水稻类使用最大似然法精度最高;建筑类、旱地类、大豆类和水体类使用 KNN 分类法精度最高;树木类使用 BPN 精度最高;道路类使用 FUZZY ARTMAP 精度最高。可见,不同分类法对不同地物的分类精度存在差异。

上述总精度和 Kappa 系数只能评价分类结果总的精度,而各种类别的制图精度和用户精度彼此分开且变化趋势并不一致,会出现一种精度高而对应的另一种精度低的现象,无法清晰明确地判断各类的总体分类精度,两种精度综合才能更好地分析某类别的分类结果。因此本研究用各类别的用户精度和制图精度的乘积定义了一个新的分类评价指标——精度积(Precision Product),用于比较各类别的总精度,精度积越高该类别的分类总精度越高。四种分类方法各类别的精度积比较结果如图 5.3 所示,由图 5.3 可见 7 种地物的分类精度最高的是水稻,其次分别为建筑、大豆、水体、树木、道路,最低的是旱地类;不同分类方法的精度积比较,除了建筑类是 ARTMAP 最高外,其他各类都是 KNN 分类法最高。

表 5.1　MLC 分类误差矩阵和分类精度评价

Table 5.1　Error matrix and accuracy assessment of image classification by MLC classifier

		参考数据								
		建筑	水稻	旱地	大豆	道路	树林	水体	总和	用户精度(%)
分类数据	建筑	265	161	47	17	26	36	49	601	44.09
	水稻	276	2081	313	107	49	194	115	3135	66.38
	旱地	119	50	72	20	16	22	20	319	22.57
	大豆	54	34	56	104	27	34	20	329	31.61
	道路	182	106	69	39	58	40	60	554	10.47
	树林	165	296	115	160	11	287	118	1152	24.91
	水体	54	137	52	34	17	41	172	507	33.93
	总和	1115	2865	724	484	204	654	554	6597	
	制图精度(%)	23.77	72.64	9.95	21.62	28.43	43.88	31.05	27.40*	46.07**

注:* 为 Kappa 系数,** 为总精度。

表 5.2　KNN 分类误差矩阵和分类精度评价

Table 5.2　Error matrix and accuracy assessment of image classification by KNN classifier

		参考数据								
		建筑	水稻	旱地	大豆	道路	树林	水体	总和	用户精度(%)
分类数据	建筑	632	231	115	53	45	101	103	1280	49.38
	水稻	357	2455	398	168	64	301	182	3925	62.55
	旱地	16	22	85	15	18	15	13	184	46.20
	大豆	17	39	34	177	12	37	26	342	51.75
	道路	24	13	21	4	52	4	15	133	39.10
	树林	36	64	40	48	2	178	46	424	41.98
	水体	33	41	22	16	10	22	165	309	53.4
	总和	1115	2865	725	481	203	658	550	6597	
	制图精度(%)	56.68	85.69	11.72	36.8	25.62	27.05	30	37.42*	56.75**

注:* 为 Kappa 系数,** 为总精度。

表 5.3 BPN 分类误差矩阵和分类精度评价

Table 5.3 Error matrix and accuracy assessment of image classification by BPN classifier

		参考数据								
		建筑	水稻	旱地	大豆	道路	树林	水体	总和	用户精度(%)
分类数据	建筑	705	293	155	80	60	113	132	1538	45.84
	水稻	287	2411	381	157	80	303	191	3810	63.28
	旱地	33	21	53	18	13	16	15	169	31.36
	大豆	30	42	47	148	13	47	28	355	41.69
	道路	13	7	15	18	25	7	11	96	26.04
	树林	28	47	39	36	1	149	33	333	44.75
	水体	19	44	35	24	11	23	140	296	47.30
	总和	1115	2865	725	481	203	658	550	6597	
	制图精度(%)	63.23	84.15	7.31	30.77	12.32	22.64	25.46	35.20*	55.04**

注:* 为 Kappa 系数,** 为总精度。

表 5.4 FUZZY ARTMAP 网络分类误差矩阵和分类精度评价

Table 5.4 Error matrix and accuracy assessment of image classification by FUZZY ARTMAP classifier

		参考数据								
		建筑	水稻	旱地	大豆	道路	树林	水体	总和	用户精度(%)
分类数据	建筑	753	349	176	85	68	136	142	1709	44.06
	水稻	234	2264	345	114	57	238	178	3430	66.01
	旱地	24	37	87	19	13	14	4	198	43.94
	大豆	40	65	52	185	9	70	26	447	41.39
	道路	8	4	7	3	29	0	4	55	52.73
	树林	38	72	29	49	3	171	36	398	42.97
	水体	18	74	29	26	24	29	160	360	44.44
	总和	1115	2865	725	481	203	658	550	6597	
	制图精度(%)	67.53	79.02	12	39.46	14.27	25.99	29.09	37.18*	55.31**

注:* 为 Kappa 系数,** 为总精度。

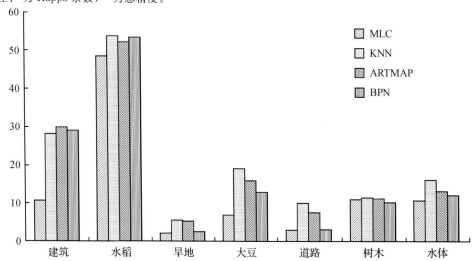

图 5.3 四种分类法的类别精度积

Fig. 5.3 Precision products of different land-use types from four classifiers

5.2.2　基于部分模糊分类和全模糊分类水稻面积估算结果比较

模糊分类方法的主要思想是认为对于一个混合像元,它能以不同的隶属度部分地属于多个不同类别。模糊分类目前研究最多的方法是在传统硬分类的分类结果确定阶段引入模糊集理论,已经有很多方法可以计算模糊分类中像元的类别隶属,例如可以利用最大似然法分类的各像元属于所有待分类别的后验概率(Campbell,1984;Wang,1990;Foody 等,1992),也有用神经网络分类器的输出值得到各类别的隶属度(Foody,1996b;Foody 和 Boyd,1999;Foschi 和 Smith,1997)。这些模糊分类方法利用传统的分类器向用户传递更多的像元内类别的相对隶属度信息,可以对分类后处理提供判断依据(Pathirana 和 Fisher,1991;Barnsley 和 Barr,1996),而且有研究表明各类别亚像元内的面积大小和类别隶属度有较好的相关关系,因此用隶属度近似估算像元内各类别的面积百分比(Foody 和 Cox,1994;Foody,1996c)。

上述模糊分类方法只是在分类的类别确定阶段引入模糊集理论,在训练样本选择阶段和传统的硬分类方法一样,仅是基于计算结果的模糊分类,并没有引入训练样本选择阶段的地面数据模糊性信息,从某种意义上讲,是一种部分模糊分类。对于部分模糊分类方法,训练样本选择和精度验证阶段模糊性问题被刻意回避了(Zhang 和 Foody,1998)。为此,Foody等(1997)和 Zhang 等(2001)提出需要考虑分类的各阶段的模糊性问题,并发展了将地面参考数据和分类结果模糊性综合的 BPN 神经网络分类方法,称之为全模糊分类方法。

和传统的硬分类以及部分模糊分类方法不同,全模糊分类方法在选择训练样本阶段是以更高分辨率的数据为地面参考数据,获得待分类的低分辨率影像数据的训练和验证像元内的各类别的面积比例信息。用于训练和验证的待分类影像像元可以随意选择而不必要求选择纯的或很纯,只要在更高空间分辨率的参考数据上能获得相应像元的亚像元类别组成比例数据。在遥感影像分类中神经网络输出层用对数转换函数得到各神经元的输出为各类别激活水平(Activation Level)属于$[0,1]$,这使其自然成为较理想的模糊分类算法,神经网络很容易扩展成为模糊分类器。全模糊神经网络分类在网络训练时,网络的输入还是一样没有什么特别之处,可以是训练样本像元的光谱特征或加上其他辅助信息,只是网络训练的输出数据不再是像元属于所有待分类类别的非此即彼的 0 或 1 的编码向量,而是像元属于所有待分类类别的实际面积比例向量。训练好的网络模拟输出结果就是各像元的类别面积比例。由于验证数据也是模糊数据集,可以比较网络模拟输出和实际的验证数据像元内各类别的面积吻合度,这样全模糊神经网络分类法就在训练样本选择、网络训练结果和验证等阶段都引入了模糊性。

5.2.2.1　基于模拟影像的部分模糊分类和全模糊分类水稻面积遥感估算结果比较

本研究中的模拟影像是由参考影像像元随机赋 DN 值产生的,因此模拟影像和参考数据在几何位置上没有任何误差,分类结果不受几何校正误差影响,便于不同分类方法的比较。为了比较部分模糊分类和全模糊分类的结果,首先对部分模糊分类法概率向量和全模糊分类法的面积比重按最大法则得到硬分类结果,以便用传统的混淆矩阵和 Kappa 系数进行精度评价比较,结果见表 5.5。由表 5.5 可以看出全模糊 BPN 分类法的总精度和 Kappa 系数分别达96.92%和 95.39%,比部分模糊 BPN 和部分模糊 KNN 分类法高 11.73%、16.84%和12.26%、17.63%,部分模糊 BPN 分类法的总精度和 Kappa 系数均稍高于部分模糊 KNN 分类法。全模糊 BPN 分类法各类别的制图精度、用户精度和精度积均明显高于部分模糊 BPN 和部分模糊 KNN 分类法。

表 5.5　模拟影像三种模糊分类方法的分类精度评价(%)

Table 5.5　Accuracy assessment based on the classification by three fuzzy classifiers using simulated image(%)

类别	全模糊 BPN			部分模糊 BPN			部分模糊 KNN		
	制图精度	用户精度	精度积	制图精度	用户精度	精度积	制图精度	用户精度	精度积
建筑	98.26	96.93	95.24	91.28	79.63	72.69	93.40	74.22	69.32
水稻	97.53	98.43	96.00	90.60	90.39	81.90	89.61	89.15	79.89
大豆	96.14	95.20	91.53	75.87	88.02	66.78	72.51	95.73	69.42
道路	96.96	85.86	83.25	69.58	97.86	68.09	62.36	98.20	61.24
树木	92.98	95.11	88.43	78.77	62.52	49.25	80.27	64.70	51.93
水体	95.40	96.23	91.80	70.36	96.83	68.13	64.46	96.97	62.51
总精度	96.92			85.19			84.66		
Kappa 系数	95.39			78.55			77.76		

模糊分类的主要目的在于分解混合像元获得像元内各类别的面积比重数据,部分模糊分类是用归一化处理后的概率值的大小表示像元内类别面积比重,而全模糊分类结果本身就是像元内各类别面积比重,表 5.6 显示三种模糊分类法类别估测总面积、像元类别估测面积与真实面积的相关系数、RMSE 和成对 t-检验结果。比较三种分类方法的类别总面积估算结果发现,全模糊法的各类别估测总面积和真实面积相差很小,而部分模糊分类法的估测面积和真实面积相差较大。全模糊分类像元内类别估测面积和真实面积的相关系数达 94.4%~99.2%,而部分模糊 BPN 法为 76.2%~87.1%,部分模糊 KNN 法为 71.3%~86.9%;全模糊分类像元内类别估测面积和真实面积的 RMSE 为 0.026~0.102,而部分模糊 BPN 法为0.111~0.281,部分模糊 KNN 法为 0.114~0.249,可见全模糊分类法最小的相关系数都大于部分模糊分类法,最大的 RMSE 小于部分模糊分类法。相关系数只是两组

表 5.6　模拟影像三种模糊分类方法的分类面积估测结果

Table 5.6　Results of estimated area by three fuzzy classifiers based on simulation image

		建筑	水稻	大豆	道路	树木	水体
真实总面积(m²)		1233.1	3896.3	926.9	517.7	693.8	659.5
估测总面积(m²)	全模糊 BPN	1242.2	3877.1	930.9	529.6	722.3	669.9
	部分模糊 BPN	1440.6	4411.0	673.1	197.5	712.6	537.2
	部分模糊 KNN	1046.5	4489.4	1137.2	353.5	655.8	289.7
相关系数(%)	全模糊 BPN	99.2	97.1	98.0	98.5	94.4	96.5
	部分模糊 BPN	87.1	82.5	83.2	75.8	76.2	87.1
	部分模糊 KNN	79.7	86.9	83.4	73.7	71.3	84.7
RMSE	全模糊 BPN	0.041	0.102	0.048	0.026	0.069	0.059
	部分模糊 BPN	0.180	0.281	0.153	0.111	0.173	0.119
	部分模糊 KNN	0.248	0.249	0.151	0.114	0.209	0.125
t 值(概率)	全模糊 BPN	1.01 (0.3143)	1.17 (0.2407)	−0.10 (0.9223)	−3.28 (0.0010)	3.71 (0.0002)	2.43 (0.0152)
	部分模糊 BPN	44.3 (0.0000)	102.5 (0.0000)	43.4 (0.0000)	39.2 (0.0000)	37.2 (0.0000)	33.5 (0.0000)
	部分模糊 KNN	44.2 (0.0000)	102.6 (0.0000)	36.5 (0.0000)	39.4 (0.0000)	37.1 (0.0000)	33.6 (0.0000)

数据线性关系的度量,对偏差不敏感,可能出现远远偏离 $y=x$ 的很好的线性关系,此时相关系数就不能反映误差大小,而 RMSE 虽然能反映总的误差大小,却是一个平均数,不能反映误差变异性。在本研究中用成对 t 检验法分析比较像元估测面积和真实面积的差异大小,并获得差异程度的显著性概率信息,由表 5.6 中 t 值(概率)检验的分析结果可以看出,t 值绝对值越大表明差异越大,概率值越小差异越显著。全模糊分类的 t 值为 $-0.10\sim3.71$,各类的概率值为 $0.0002\sim0.9223$,建筑、水稻和大豆类的概率值大于 0.05,说明这些类别的面积估测的差异没有达到 0.05 的显著水平,水体的差异没有达到 0.01 的显著水平,在统计学意义上可以得出这些类别的估测面积和真实面积无差异的推理。两种部分模糊分类法的 t 值比较接近而且都很大,为 $33.5\sim102.6$,是全模糊分类法对应类别的十几到几十倍,所有的概率值都很小,说明两种部分模糊分类法对各类像元内面积的估测和真实面积差异很大,达到非常显著的水平。

上述模拟影像分类的精度分析表明,训练样本中加入地面真实数据的模糊信息进行的全模糊 BPN 分类法,在像元内不同类别所占面积的估测精度明显高于部分模糊分类法。

5.2.2.2　基于 TM 影像的部分模糊分类和全模糊分类水稻面积遥感估算结果比较

表 5.7 是应用全模糊 BPN 对研究区 TM 影像分类结果的最大法则硬分类后的混淆矩阵和 Kappa 系数等精度分析结果。与表 5.2 和表 5.3 的 KNN 和 BPN 硬分类结果比较,全模糊 BPN 分类法硬分类的总精度和 Kappa 系数分别为 57.34% 和 38.22%,稍高于KNN 和 BPN 法,用户精度、制图精度以及精度积均没有表现出非常明显的差异。这一结果和模拟影像的分析结果差异很大,这可能是由于几何校正误差、真实遥感影像点扩散函数、临界效应等诸多因素引起的。Foody(1996a)和 Thornton 等(2006)指出用传统的硬分类精度评价法一般难以得到模糊分类结果合理的结果分析,需要采用其他方法进行分析。

表 5.7　TM 影像全模糊 BPN 网络分类误差矩阵和分类精度评价

Table 5.7　Error matrix and accuracy assessment based on the TM image classification by full fuzzy BPN classifier

类别		参考数据								
		建筑	水稻	旱地	大豆	道路	树林	水体	总和	用户精度(%)
分类数据	建筑	771	307	168	82	62	135	144	1669	46.20
	水稻	270	2450	391	158	79	309	185	3842	63.77
	旱地	14	9	58	10	7	8	2	108	53.70
	大豆	22	25	39	167	14	36	21	324	51.54
	道路	6	4	10	7	26	1	10	64	40.63
	树林	18	28	28	34	1	148	25	282	52.48
	水体	14	42	31	23	14	21	163	308	52.92
	总和	1115	2865	725	481	203	658	550	6597	
制图精度(%)		69.15	85.52	8	34.72	12.81	22.49	29.64	38.22*	57.34**

注:* 为 Kappa 系数,** 为总精度。

表 5.8 是 TM 影像全模糊 BPN 分类和部分模糊分类法的总面积估测、相关系数、

RMSE 以及 t 检验结果。从各类的估测面积看,全模糊分类法的面积和真实面积最为接近,而部分模糊分类法的面积估测差异很大,特别是旱地类最为明显,可以看出部分模糊 BPN 法估测总面积差异总体小于部分模糊 KNN 法,全模糊分类法对面积总量的估测精度高于部分模糊分类法。三种模糊分类方法的相关系数相互比较无明显的高低变化趋势。全模糊分类法的 RMSE 全部小于部分模糊 BPN 分类法,除大豆、道路和水体 3 个类别外,其余类别的全模糊分类法的 RMSE 小于部分模糊 KNN 分类法。t 检验结果表明,全模糊分类法的 t 值的绝对值为 2.05～8.24,均小于对应的部分模糊 BPN 和部分模糊 KNN 法,全模糊分类法的建筑类和水稻类 t 值的显著性概率值大于 0.01,表明这两类像元内的面积估测和真实面积无极显著差异,其他类的概率值虽然小于 0.01,但还是远大于部分模糊分类法;部分模糊 BPN 法的 t 值均小于部分模糊 KNN 法,说明部分模糊 BPN 法的面积估测精度要高于部分模糊 KNN 法。

表 5.8　TM 影像三种模糊分类方法的面积估测结果

Table 5.8　Results of estimated area by three fuzzy classifiers based on TM image

		建筑	水稻	旱地	大豆	道路	树木	水体
真实总面积		1146.6	2822	701.2	480.94	201.39	641.82	546.31
总面积	全模糊 BPN	1166.5	2913.6	703.3	370.9	153.1	579.9	477.8
	部分模糊 BPN	1531.2	3656.3	167.8	322.3	101.4	316.8	334.1
	部分模糊 KNN	1545.3	3941.0	97.1	283.9	48.2	236.3	264.0
相关系数	全模糊 BPN	53.3	62.5	36.3	51.8	43.7	34.2	45.5
	部分模糊 BPN	49.7	56.7	25.3	43.2	24.8	38.1	40.3
	部分模糊 KNN	57.8	54.2	41.0	49.1	44.6	46.7	51.6
RMSE	全模糊 BPN	0.310	0.348	0.176	0.199	0.128	0.207	0.218
	部分模糊 BPN	0.378	0.441	0.213	0.220	0.140	0.247	0.234
	部分模糊 KNN	0.312	0.376	0.186	0.176	0.105	0.209	0.193
t 值(概率)	全模糊 BPN	−2.05 (0.0405)	2.14 (0.0327)	−2.88 0.0040	−8.24 (0.0000)	−5.53 (0.0000)	−4.85 (0.0000)	−5.51 (0.0000)
	部分模糊 BPN	11.33 (0.0000)	23.55 (0.0000)	−33.56 (0.0000)	−9.50 (0.0000)	−9.07 (0.0000)	−16.99 (0.0000)	−11.79 (0.0000)
	部分模糊 KNN	13.96 (0.0000)	25.09 (0.0000)	−46.66 (0.0000)	−15.35 (0.0000)	−18.88 (0.0000)	−26.89 (0.0000)	−19.83 (0.0000)

从上述的模拟和真实遥感影像分类结果分析可以看出,全模糊分类法对研究区 TM 像元内类别面积的估测精度总体上高于部分模糊分类法。因为部分模糊分类的概率矢量表达的是像元分别属于各类别的条件概率,但由于特征选择、训练数据的选取等方面的问题,最大后验概率所代表的类别不一定是地面物体真实的类别面积。另外遥感影像全模糊分类法更适于空间分辨率较低的遥感影像分类,因为其混合像元比例很大,用全模糊分类法可以避免部分模糊分类法难以选择到合适和足够的纯像元进行分类训练的难题,能提高分类精度。当然全模糊分类法的应用还存在地面参考模糊数据获取的问题,而且和部分模糊分类法一样,分类结果只是获得像元内的类别面积比重信息,未能给出不同类别在像元内的空间位置信息。

5.2.3　基于多分类器结合的水稻面积遥感估算结果比较

从上述多种硬分类和模糊分类方法结果的比较分析中可以看出，单独分类方法中各类别的用户精度和制图精度并不总是和分类方法中的总精度最高的分类方法一致，依据前面介绍的分类器结合方法理论，本节介绍研究区 TM 影像的最大似然法等四种单独分类器硬分类结果的投票法结合和三种模糊分类概率（面积）隶属度的测量级结合。表 5.9 和图 5.4 是多分类器投票法结合分类的精度分析结果。与表 5.1～5.4 中四种单独分类法分析结果比较，从各类别的制图精度和用户精度排位上看，投票法结合分类均排在中等偏上，有 3 项为最高精度；从类别精度积看，投票法的建筑类、水稻类和树木类提取精度最高，投票法结合后分类的总精度较单独分类法提高了 2%～12.7%，Kappa 系数均提高 2.13%～12.15%。

表 5.9　TM 影像多分类器投票法结合的分类误差矩阵和分类精度评价

Table 5.9　Error matrix and accuracy assessment based on the TM image classification by voting method

		参考数据								
		建筑	水稻	旱地	大豆	道路	树林	水体	总和	用户精度（%）
分类数据	建筑	762	278	165	69	66	118	135	1593	48.83
	水稻	249	2435	381	145	66	280	180	3736	65.18
	旱地	15	8	66	10	6	12	3	120	55.00
	大豆	30	31	40	176	17	40	21	355	49.58
	道路	7	4	9	6	29	1	10	66	43.93
	树林	33	60	34	44	3	181	32	387	46.77
	水体	19	49	30	31	16	26	169	340	49.71
	总和	1115	2865	725	481	203	658	550	6597	
制图精度（%）		68.34	84.99	9.10	36.59	14.29	27.51	30.73	39.55*	57.88**

注：* 为 Kappa 系数，** 为总精度。

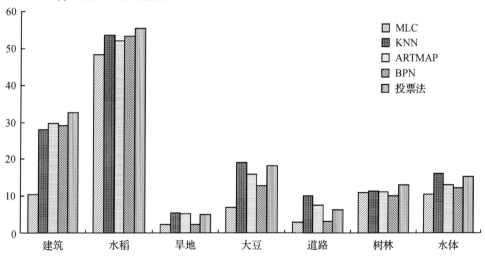

图 5.4　多种分类方法投票法结合和单独分类的类别精度积比较

Fig. 5.4　Comparison of precision products of different land-use types from four single classifiers and combined classifier by voting method

表 5.10 和图 5.5 是三种模糊分类概率(面积)隶属度测量级结合分类的精度分析结果,将结合分类与单独分类中各类别的制图精度和用户精度按照数值大小进行排序,结合后分类结果的类别制图精度和用户精度 9 项排位第一,其他 5 项均为第二位,精度积除道路和旱地排位第二外其余 5 项全部第一,最后的总精度达 58.48%,Kappa 系数为 39.90%,比三个单独分类的硬化总精度高 1.14%～3.44%,Kappa 系数高 1.68%～4.70%。

表 5.10　TM 影像多分类器测量法结合的分类误差矩阵和分类精度评价

Table 5.10　Error matrix and accuracy assessment based on the TM image classification
by combined classifier at measurement level

<table>
<tr><th rowspan="2" colspan="2"></th><th colspan="9">参考数据</th></tr>
<tr><th>建筑</th><th>水稻</th><th>旱地</th><th>大豆</th><th>道路</th><th>树林</th><th>水体</th><th>总和</th><th>用户精度(%)</th></tr>
<tr><td rowspan="8">分类数据</td><td>建筑</td><td>774</td><td>278</td><td>158</td><td>77</td><td>61</td><td>128</td><td>135</td><td>1611</td><td>48.05</td></tr>
<tr><td>水稻</td><td>268</td><td>2472</td><td>392</td><td>158</td><td>73</td><td>301</td><td>185</td><td>3849</td><td>64.22</td></tr>
<tr><td>旱地</td><td>15</td><td>8</td><td>67</td><td>5</td><td>12</td><td>7</td><td>3</td><td>117</td><td>57.27</td></tr>
<tr><td>大豆</td><td>19</td><td>26</td><td>36</td><td>181</td><td>15</td><td>32</td><td>22</td><td>331</td><td>54.68</td></tr>
<tr><td>道路</td><td>6</td><td>4</td><td>11</td><td>4</td><td>31</td><td>1</td><td>8</td><td>65</td><td>47.69</td></tr>
<tr><td>树林</td><td>16</td><td>33</td><td>31</td><td>36</td><td>1</td><td>161</td><td>25</td><td>303</td><td>53.14</td></tr>
<tr><td>水体</td><td>17</td><td>44</td><td>30</td><td>20</td><td>10</td><td>28</td><td>172</td><td>321</td><td>53.58</td></tr>
<tr><td>总和</td><td>1115</td><td>2865</td><td>725</td><td>481</td><td>203</td><td>658</td><td>550</td><td>6597</td><td></td></tr>
<tr><td colspan="2">制图精度(%)</td><td>69.42</td><td>86.28</td><td>9.24</td><td>37.63</td><td>15.27</td><td>24.47</td><td>31.27</td><td>39.90*</td><td>58.48**</td></tr>
</table>

注:* 为 Kappa 系数,** 为总精度。

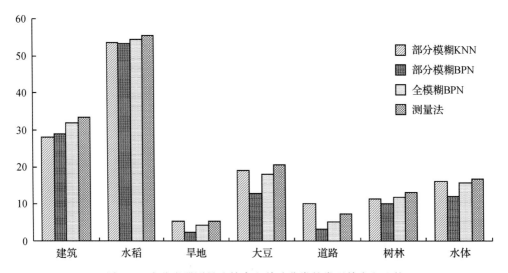

图 5.5　多分类器测量法结合和单独分类的类型精度积比较

Fig. 5.5　Comparison of precision products of different land-use types from four single classifiers
and combined classifier at measurement level

上述分类结果分析表明,多分类器的投票法和测量级结合分类方法都能提高遥感影像的分类精度。投票法的优点在于对参与结合的分类方法没有要求,可以适用于任何分类法,测量级别的结合法则要求参与结合的分类法能够输出类似于后验概率的向量值。

5.3　像元纯度引起的水稻面积遥感估算的不确定性

混合像元问题对遥感影像分类精度有很大影响,本研究采用 3m×3m 的 grid 格式地物详图,导入 Matlab 中,编程以 10×10 的窗口将数据尺度扩展形成 30m×30m 的网格数据,计算 30m×30m 网格数据中每个网格所含各个地类比例;再按照面积最大算法确定扩展后的像元类别,计算各类别像元的纯度;最后将得到的各地类像元纯度数据导入 ENVI 中和 30m×30m TM 影像或模拟影像配准,生成各地物的像元纯度图层,用于分析研究区 TM 影像和模拟影像的像元纯度对分类精度的影响。

5.3.1　研究区 TM 影像的像元纯度分析

紧凑度是地块形状特性的一种衡量参数,定义为 4π 的面积和周长的平方的比值,圆形的紧凑度最大为 1,形状细长而且单位面积上的边界越长的地物紧凑度越小,所以,紧凑度越大的地块其形状越接近正方形或圆形。根据地块面积和紧凑度以及遥感影像空间分辨率可以大致判断遥感影像中该地块的像元混合程度,面积和紧凑度越大,像元纯度一般会越高。表 5.11 为利用矢量图分析计算的 7 种地物类别的地块总数、地块面积、平均面积和地块紧凑度。研究区 7 种类别地物中,水稻面积最大,约占 43%,其次是建筑类 17.5%、旱地 10.7%、树林 9.8%、水体 8.4%、大豆 7.4%,最少的是道路类仅有 3.2%;旱地地块数最多为 1066,平均面积却最小仅为 603.2m²;地块平均面积最大的是建筑类达 6715.9m²。研究区水稻类紧凑度为 0.57,相对其他地物也较紧凑;旱地类紧凑度为 0.36,且平均面积最小,说明旱地类地块形状特点为地块面积较小,形状细长不规则;道路类为细长型地物,特别是田间地头的道路更是如此,道路类的紧凑度最小。

表 5.11　研究区地物各类别地块平均面积和紧凑度

Table 5.11　Average area and compactness of parcels in the study area

类别	建筑	水稻	旱地	大豆	道路	树林	水体
地块数	156	651	1066	369	103	524	142
平均面积(m²)	6715.9	3959.3	603.2	1205.0	1882.0	1122.0	3550.3
标准差(m²)	10515.5	4911.3	1506.2	2514.1	4555.1	2757.2	14570.1
变异系数(%)	156.6	124.0	249.7	208.6	242.0	245.7	410.4
平均紧凑度	0.49	0.57	0.36	0.51	0.21	0.51	0.63
标准差	0.21	0.16	0.24	0.19	0.20	0.20	0.22
变异系数(%)	43.4	28.6	67.5	37.3	95.2	39.8	35.4

TM 影像的像元混合程度可以通过计算尺度扩展的 30m×30m 网格数据图中每个 30m×30m 网格中包含原 3m×3m 像元的类别和数量来分析,即先计算每个网格中各个地类所占比例,然后统计含有某个地类网格总数和该地类在 30m×30m 网格中所占比例为 0～19%、20%～39%、40%～59%、60%～79%、80%～89%、90%～99%、100% 七个等级的个数,将 30m×30m 网格数据中各地类所占比例为 0～19%、20%～39%、40%～59%、60%～79%、80%～89%、90%～99%、100% 的个数除以相应地类的网格总数,得到 30m×30m 网格数据中各地类所占比例为 0～19%、20%～39%、40%～59%、60%～79%、80%～89%、90%～

99％、100％的百分比(见表 5.12)。可以看出扩展后 30m×30m 网格数据中,所有含有水稻类的像元中,水稻纯像元只有 19.56％,水稻占 90％～99％的混合像元为 13.22％,水稻占 80％～89％的像元为11.67％,60％～79％的占 14.97％,水稻占 0～19％的像元达 16.82％;纯像元最多的是水稻类,其次是建筑类,最少的是旱地和道路类,仅为 1.15％和 0.47％,而含有旱地类和道路类像元中旱地类和道路类占 0～19％的像元数占了 63.32％和 69.92％。

表 5.12　基于 30m×30m 网格数据统计的各地类不同比例等级的百分比(％)

Table 5.12　Percentage of different land use types in different proportion grades based on 30m×30m grid map(％)

比例等级	建筑	水稻	旱地	大豆	道路	树	水体
100	17.62	19.56	1.15	6.20	0.47	3.99	4.85
90～99	8.54	13.22	0.90	5.04	1.90	2.97	5.85
80～89	6.33	11.67	0.79	4.74	2.75	3.89	5.21
60～79	12.58	14.97	2.72	8.76	3.98	8.70	11.77
40～59	13.72	12.14	7.10	11.39	4.08	14.29	16.76
20～39	16.11	11.63	24.03	20.73	16.89	23.20	19.83
0～19	25.10	16.82	63.32	43.14	69.92	42.96	35.74
总和	100	100	100	100	100	100	100

按照面积最大算法确定扩展后像元类别,获得研究区 30m×30m 影像参考图。统计参考图中含有某个地类的像元总数和该地类在像元中所占比例为 0～39％、40％～59％、60％～89％、90％～100％四个等级的像元个数,将参考图中各地类所占比例为 0～39％、40％～59％、60％～89％、90％～100％的个数除以相应地类的像元总数,得到参考图中各地类所占比例为 0～39％、40％～59％、60％～89％、90％～100％的百分比(见表 5.13)。如表 5.13 所示,水稻类像元的纯度最高,有 51.48％的水稻类像元水稻面积超过 90％,其次是建筑类,最少的是旱地仅为 9.97％,而且旱地类的 0～39％和 40％～59％像元分别占 49.32％和 24.18％,道路类的 0～39％像元占 42.5％;整个图像中像元纯度超过 90％的仅有 38.51％,而纯度为 40％～89％的像元比重达 58％,可见研究区 30m×30m TM 影像混合像元占绝大部分。

表 5.13　基于 30m×30m 参考图计算的各地类不同比例等级的百分比(％)

Table 5.13　Percentage of different land use types in different proportion grades based on reference map with 30m×30m resolution(％)

纯度	建筑	水稻	旱地	大豆	道路	树木	水体	总百分比
90～100	50.18	51.48	9.97	31.35	12.08	20.64	26.88	38.51
60～89	34.24	36.77	16.53	34.63	33.33	33.69	41.04	37.44
40～59	12.41	9.79	24.18	18.24	12.08	26.40	24.55	20.56
0～39	3.17	1.95	49.32	15.78	42.51	19.27	7.53	3.52

5.3.2　像元纯度对分类精度的影响

将参考图中得到的各地类像元纯度数据导入 ENVI 中和 30m×30m TM 影像或模拟影像配准,生成各地物的像元纯度图层,用于分析研究区 TM 影像和模拟影像的像元纯度对分类精度的影响。图 5.6 是不同分类方法各类别的不同纯度像元分类精度积结果,由图 5.6 可见,不同类别的分类的总精度随着高纯度像元比重增大而增高,所有的分类方法都表现出

90％～100％纯度像元的分类的精度积明显高于其他几种纯度。图 5.7 是不同分类方法的不同纯度像元的分类总精度和 Kappa 系数结果。与各类别精度积结果类似,总精度和 Kappa系数也呈现随像元纯度升高而升高的趋势。三种非参数分类器对纯度 90％～100％像元的独立验证分类的总精度为 80.3％～86.3％,最大似然法只有 61.96％,差异非常明显,四种方法平均总精度为 78％,而其他纯度像元分类方法间的总精度差异较小,Kappa 系数表现出和总精度类似的变化趋势。研究表明四种分类方法中没有哪种分类方法对混合像元的分类表现出特别强的能力。

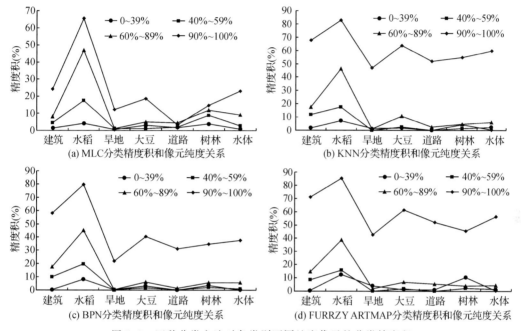

图 5.6　四种分类方法对各类别不同纯度像元的分类精度积

Fig. 5.6　Precision products of different land-use types from four classifiers for different pureness pixels

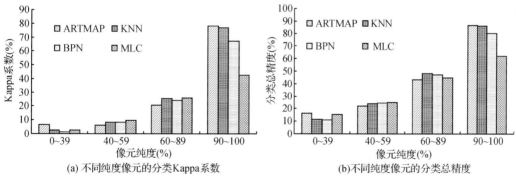

图 5.7　四种分类方法对不同纯度像元的 Kappa 系数和分类总精度

Fig. 5.7　Kappa coefficient and total accuracy for different pureness pixels from four classifiers

　　另外,特别需要指出的是,即使在影像所有像元均为"纯像元"(大于 90％纯度)的假定情况下,分类的总精度最高也只能达 86.3％。当然这种理想状态对于中国南方水稻种植区的 TM 影像是无法满足的,本研究区"纯像元"(大于 90％纯度)数只占 38.51％,因此仅用 TM 遥感影像数据和硬分类方法对本研究区进行分类,分类精度较低是可预料的结果。

5.4 参考专题图尺度扩展处理后各类别面积的不确定性分析

遥感影像分类训练区选择和分类结果的精度验证,都需要在一幅假定真实精准的参考图或在要分类图像的事先实地调查区上选类别真实的参考点。这些参考点要求与待分类的影像有相同的空间分辨率,真实精准的参考图一般是高比例尺的土地利用现状图或更高空间分辨率的航片、卫星影像等,这就需要对参考图进行尺度扩展处理得到和分类影像空间分辨率一致的地面参考数据。在尺度扩展过程中伴随着参考图的分类类别的最多数法则的硬化,在此过程中像元内会发生属性归并,这样在尺度扩展后参考点中会引入属性和面积不确定性。本研究中的参考图是 GPS 跟踪的 3m×3m 的专题图用 10×10 的窗口尺度扩展为 30m×30m 的专题图,3m×3m 的专题图更接近地面真实情况,以它的各类别面积为地面真实值,10×10 的窗口尺度扩展后图像 1 个像元正好包括 100 个 3m×3m 的专题图像元。这样计算尺度扩展后图像每个像元类别比例,比较尺度扩展后各类别的像元的属性组成和面积比例,就可量化参考图在尺度扩展处理中的误差。

尺度扩展后图像 i 类地物的像元中的属性未变化的面积百分率 P_1 和尺度扩展后 i 类地物的像元中真实属性的百分比 P_2 可以表达为:

$$P_1 = \frac{X_i}{Y_i} \times 100\% \tag{5.4}$$

$$P_2 = \frac{X_i}{W_i} \times 100\% \tag{5.5}$$

其中,X_i 指尺度扩展后图像属性为 i 类别的所有像元中包括尺度扩展前该类的 3m×3m 小像元数,Y_i 为尺度扩展前该类别的 3m×3m 小像元总数,W_i 为尺度扩展后图像 i 类别所有 30m×30m 大像元换算为 3m×3m 小像元的总数。用 Y_i 和 W_i 的差值除以 Y_i 计算尺度扩展前后 i 类别地物的面积变化,正值表明尺度扩展后总面积减少,负值表明总面积增加。

表 5.14 为尺度扩展后 30m×30m 参考图的各类别面积变化分析计算结果。可以看出,尺度扩展后建筑类像元中只包括原来建筑类面积的 81.61%,尺度扩展后建筑类像元中实际只有 82.37% 的面积是真正的建筑类,建筑类的面积中实际上有 17.63% 是尺度扩展前的其他类别,不过尺度扩展前后建筑属性的类别总面积的变化并不大,只是比尺度扩展前增加了 0.92%;尺度扩展后水稻类像元中只包括原来水稻类面积的 85.73%,尺度扩展后水稻类像元中实际只有 84.33% 的面积是真正的水稻类,水稻类的面积中实际上有 15.67% 是尺度扩展前其他类别,尺度扩展后水稻类的总面积比尺度扩展前减少 1.67%;尺度扩展后旱地类面积变化最大,其像元中只有 44.73% 的面积是尺度扩展前的旱地类别,而且旱地类的总面积也比尺度扩展前减少了 4.39%。上述分析说明专题图尺度扩展处理引入的类别总面积不确定性较小,但是位置的不确定性却较大,这种不确定性因地物类别、地块大小、形状等不同差异显著。用这样的参考图验证分类精度,即使某硬分类验证结果显示总精度为 100%,这样分类的结果各类别的总面积误差并不大,最大的旱地类也只有 4.39%,但是像元水平上的类别位置误差很大,即使错位较少的水稻类也达 15.67%,错位最多的旱地类误差高达 55.27%。遥感影像分类精度检验的实践中,在选择地面参考数据时,经常会特意避开混合像元问题严重的边界而选择大小与分类像元相同的较纯的地面参考数据,这样虽然可降低

尺度扩展面积误差的影响,但会使精度评价结果偏高。

表 5.14　尺度扩展后参考图各类别属性未变面积和属性正确面积百分比(%)

Table 5.14　Percentage of area of unchanged and exact attribute after scaling up reference map(%)

类别	建筑	水稻	旱地	大豆	道路	树林	水体
P_1	81.61	85.73	46.69	71.12	52.50	65.80	72.49
P_2	82.37	84.33	44.73	70.09	51.08	64.08	70.98
面积变化	0.92	−1.67	−4.39	−1.47	−2.79	−2.68	−2.14

5.5　水稻面积遥感估算不确定性的可视化表达

用分类总精度、Kappa 系数以及精度积等评价指标,可以获得分类结果平均的总的分类精度判断,却无法获得分类可靠程度在空间上的分布信息。在利用 BPN 和 KNN 法进行分类时,可以得到影像不同像元各类别的概率隶属度向量,就可以计算生成 TM 分类影像像元的分类最大概率值、熵值和各类别如水稻类概率值等图层,这些图层就构成对研究区分类结果图的不确定可视化表达,即不确定性的空间分布图(见图 5.8 和图 5.9)。

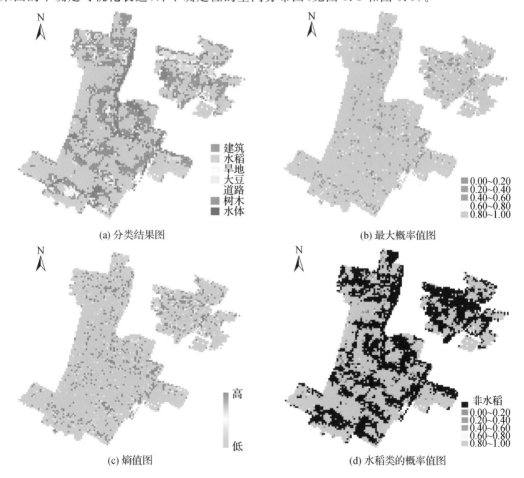

(a) 分类结果图　　(b) 最大概率值图

(c) 熵值图　　(d) 水稻类的概率值图

图 5.8　BPN 分类法分类结果

Fig. 5.8　Classification results by BPN

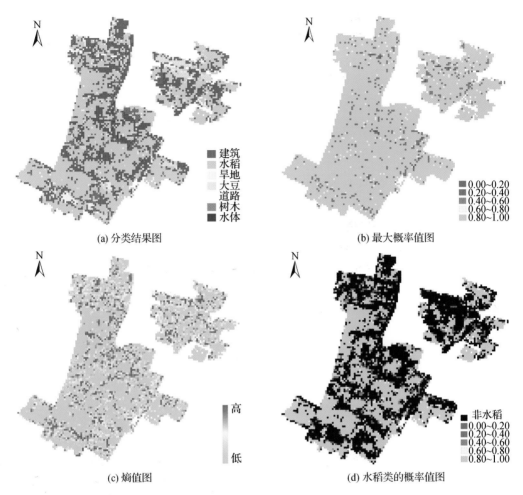

(a) 分类结果图

(b) 最大概率值图

(c) 熵值图

(d) 水稻类的概率值图

图 5.9 KNN 分类法分类结果

Fig. 5.9 Classification results by KNN

分类最大概率值图、分类熵值图以及水稻提取的分类概率值图中用类似于交通信号的红—黄—绿颜色渐变来表示不确定性的大小,颜色为红表明分类的不确定性大,而颜色为绿表明分类的不确定性小。从两种分类方法的最大概率值图和熵值图可以看出,绿色部分对应于分类图中的面积较大类别地块,例如对应于水稻和建筑类较大面积的地块中,最大概率值图和熵值图基本是绿色;而不确定性较大的红色部分主要分布在类别面积小和不同类别的边缘部分,如沿着道路和水体类的像元,最大概率值图和熵值图大都是红色部分。根据最大概率值图和熵值图可以清楚地看出分类结果不确定性的空间变化情况,这样在应用分类结果时可以根据像元不确定性大小采取不同处理方法,降低不确定性高的像元的权重,以减小分类数据应用的总的不确定性。对于感兴趣的地物类型,还可以制作特定土地利用类型的概率值图,图 5.8(d) 和图 5.9(d) 分别是利用 BPN 和 KNN 分类法计算的水稻类别的分类概率值图。可以看出,红色的部分都是零星散布在黑色的非水稻类中或靠近绿色的边缘,黄色的像元主要分布在黑色和绿色的边缘,绿色部分是成片的大面积水稻,总体上可以清楚地看出像元离水稻大地块中心越远其不确定性越高的分布规律。

基于 TM 影像分类的水稻面积提取结果及其不确定性在像元尺度上的可视化表达,不但可以了解不确定性的空间分布,而且可以直观反映类别之间的可区分程度以及像元的混合程度,为采取进一步降低不确定性的措施提供线索,还可以用于水稻遥感产量估测中水稻面积数据引起的不确定性和相关决策风险评估。

5.6　本章小结

本章利用浙江省典型水稻种植区 TM 影像和模拟影像,采用最大似然法(MLC)、K-最邻近值法(KNN)、后向传播神经网络模型(BPN)以及模糊自适应网络(FUZZY ARTMAP)等分类方法,对各算法单独分类、多种分类算法结合以及全模糊 BP 神经网络分类等不同分类策略的结果进行比较,分析像元纯度对水稻面积遥感估算的影响,研究水稻面积遥感估算不确定性的可视化表达方法。研究结果如下。

(1)本研究区的 30m×30m 空间分辨率的 TM 影像混合像元占大多数,超过 60%,在中国南方的水稻种植区这种情况具有普遍性和代表性,因此在水稻面积提取时最主要的问题是混合像元引起的分类结果和精度验证的不确定性。

(2)从水稻种植区的 TM 遥感影像中选择符合参数分类法要求的训练样本很困难,在水稻面积遥感提取时,由于非参数分类法的分类精度一般比参数分类法的分类精度高,应尽量选择非参数法。

(3)利用非参数分类的概率向量可以对分类结果的不确定性进行可视化表达,能直观显示分类类别的结果的可信度,将不确定性可视化结果作为分类专题图的附件,从而为用户提供更准确的分类结果信息。

(4)遥感影像像元混合程度越严重,分类总精度越低,而且四种硬分类法对混合像元的分类能力没有明显差异。像元的纯度变化和各种分类器的分类精度的变化趋势大致相同,即高纯度像元比重越大的类别其分类的总精度越高。

(5)由于中国南方水稻种植区混合像元比例很大,用全模糊分类法可以避免部分分类法难以选择到合适和足够的纯像元进行分类法训练的难题,而且全模糊分类法较部分模糊分类法在混合像元的面积分解中结果精度更高,因此,就中国南方的情况而言,全模糊分类法更适于利用 TM 影像提取水稻种植区。

(6)多分类器结合的分类法无论采用投票法还是测量级方法结合都能提高分类的总精度,投票法应用范围更广、使用更灵活。

第6章 水稻主要发育期的遥感识别

田间观测是传统的水稻发育期获取方法。然而,在大范围内,这种方法需要在研究区布设观测点,而且需要通过专业人员进行观测和记录,资料获取比较费时费力,有些发育期的确定主观性较大。随着卫星遥感技术的发展,高时间分辨率卫星遥感数据(如 AVHRR、MODIS 和 VEGETATION)已广泛应用于植被物候期识别研究。考虑到数据的空间分辨率和时间分辨率的要求,结合水稻生长发育的特点,本研究选用 8 天合成的 MODIS 数据(MOD09A1)。MOD09A1 合成时数据选择标准是在 8 天中图像质量最好的,为了便于计算,本研究将这 8 天的中间值(约第 4 天)近似地代表图像的获取日期。

6.1 样点的选择

如图 6.1 所示,根据中国水稻遥感信息获取的分区结果,利用 2005 年国家气象局农业

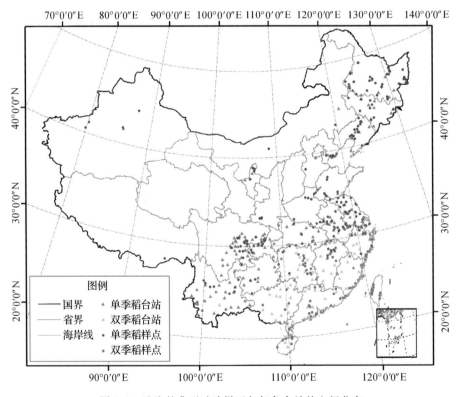

图 6.1 选取的典型试验样区与气象台站的空间分布

Fig. 6.1 Spatial distribution of selected samples and meteorological observatories

气象站资料,在全国范围内不同的区域选取 198 个单季稻样点和 87 个双季稻样点进行水稻发育期遥感识别;再利用其他 131 个单季稻台站和 79 个双季稻台站的实际观测资料对结果进行检验。

6.2　增强的植被指数时间序列重构

与其他植被指数相比,EVI 部分消除了大气噪声和土壤背景的影响,对土壤背景和气溶胶的影响不敏感,而且在植被覆盖比较大的地区更不易饱和。因此本研究选用 EVI 进行水稻发育期遥感识别。

尽管 MODIS 8 天合成的地表反射率产品经过了严格的去云、云阴影和气溶胶处理,然而,在多云的地区仍然存在大量的残留噪声,这些由于云覆盖造成的噪声对信息获取有很大的影响。为了进一步降低云的影响,需要进行去噪处理。研究表明,傅立叶和小波变换低通滤波算法可以更好地通过去除高频(局部变化大的)分量,保留低频分量,最大限度地去除时间序列中的噪声,建立植被有规律的季节变化模型,反映出植被的季相变化特征。因此,本研究选用傅立叶变换和小波分析作为水稻发育期识别的植被指数重建方法。

对连续的信号,傅立叶变换的形式为:

$$F(\omega) = \frac{1}{\sqrt{2\pi}} \int_{-\infty}^{+\infty} f(t) e^{-i\omega t} \, dt \tag{6.1}$$

$$F(\upsilon) = \int_{-\infty}^{+\infty} f(t) e^{-i2\pi\upsilon t} \, dt \tag{6.2}$$

其中,$\omega = 2\pi\upsilon$,ω 为角频率(rad/s),υ 为一般的频率(Hz)。

离散傅立叶变换(DFT)有时也称为有限傅立叶变换,它在信号处理和相关领域中被广泛地应用于分析样本信号的频率和进行卷积运算。离散傅立叶变换的形式可以表达为:

$$X(k) = \sum_{n=0}^{N-1} x_n e^{-i2\pi kn/N} \tag{6.3}$$

其中,$k = 0, 1, 2, \cdots, N-1$;N 为输入数据的总数。

由于 DFT 的算法运行时间较长,不利于处理数据量较大的图像,快速傅立叶算法(FFT)可用于提高计算的效率。根据欧拉公式:

$$e^{ix} = \cos(x) + i\sin(x) \tag{6.4}$$

傅立叶函数可以转换为正弦和余弦函数的组合,因此,FFT 一般仅适用于周期的和平稳的信号。由于水稻的季相信息的年际变化相对来说比较稳定,所以它符合这个条件,可以用傅立叶变换进行去噪处理。

与傅立叶变换相比较,小波变换更适合于表示不连续的和局部变化的信号,它可以用于对非周期的和不平稳信号的重构。小波函数可以把连续信号分解为不同频率分量的函数,每个分量与一个尺度相对应。小波变换是用小波函数表示,小波函数(子函数)是由有限长度的并且快速衰减的振荡波形(母函数)在不同尺度上的转换得到的。小波变换的基本形式称为母函数,所有的子函数都是由母函数推导而来的,推导公式为:

$$\Psi_{s,\tau}(t) = \frac{1}{\sqrt{s}} \Psi\left(\frac{t-\tau}{s}\right) \tag{6.5}$$

其中,s 为尺度参数,τ 为位移参数,Ψ 为母函数。连续小波函数(CWT)可以表达:

$$\gamma(s,\tau) = \int f(t)\Psi_{s,\tau}^{*}(t)\mathrm{d}t \tag{6.6}$$

其中，$*$ 代表复共轭函数。

对离散的形式，连续变量 s 和 τ 被离散化，因此，母函数也被转换为离散的形式。离散化后的子小波函数的推导形式可以表达为：

$$\Psi_{j,k}(t) = \frac{1}{\sqrt{s_0^j}}\Psi\left(\frac{t-k\tau_0 s_0^j}{s_0^j}\right) \tag{6.7}$$

其中，j 和 k 是整数，s_0 为 2，τ_0 为 1。

本研究采用 FFT 和 Daubechies 小波低通滤波法去除时间序列的 EVI 噪声。对小波低通滤波法，通过比较 10 种 Daubechies 小波（$n=1,n=2,\cdots,n=10$），结果表明 $n=10$ 的小波去噪效果最好。为了比较以上两种平滑滤波方法的效果，本研究在不同轮作方式的水稻种植区选择了 3 个典型的样点，利用 2005 年的 MODIS EVI 数据，将不同滤波窗口的 FFT 低通滤波和不同截止频率（Cutoff Frequency，CF）的 Daubechies 小波（$n=10$，以下简称 DB10 小波）进行比较，结果见图 6.2 和图 6.3（n 为 FFT 滤波窗口，CF 为 DB10 小波的截止频率）。

试验表明，利用 FFT 低通滤波法去噪处理时，对单季稻而言，由于作物的发育期间隔较大，当滤波窗口设定为 4 时滤波的效果最好。如果滤波窗口过大（窗口越大曲线越平滑），时间序列中的波谷和波峰就被削平，如果滤波窗口过小则会出现几个波峰，不易识别出季相变换的规律。而对双季稻而言，当窗口为 3 时比较适合。因为两个波峰相隔较短，而且在晚稻移栽期稻田的反射光谱受背景的影响较大，所以两个波峰之间的区分不是非常明显。如果采用的滤波窗口过大，那么滤波后 EVI 剖面中就很有可能变为一个波峰，则很难反映出季相变化的规律。

同样的，对于小波低通滤波，考虑单季稻和双季稻的季相变化的差异，对单季稻设定的截止频率百分比为 85%（截止频率百分比越大曲线越平滑），去除高频分量（噪声）；而对双季稻设定的截止频率百分比为 75%，去除高频分量。图 6.4 为在单季稻区和双季稻区选取的 3 个具有代表性的样点，以说明 FFT 和 DB10 小波低通滤波的效果。

6.3 水稻主要发育期遥感识别的算法与技术路线

根据水稻的生理特性，水稻移栽前，稻田需要进行灌水以便于插秧，EVI 处于最小值，在水稻移栽以后一段时间内，稻田仍以水体为主要特征，EVI 仍然比较小，因此可以根据这一特点确定移栽期。在水稻移栽后的 1~2 周，水稻进入分蘖期，从这时起 EVI 快速增加；一直到抽穗期水稻的营养生长达到顶峰并开始转入生殖生长为主的阶段，此时 EVI 达到最大值；抽穗期后，水稻植株内的养分逐渐转入籽粒中，植株的生物量逐渐下降，在成熟期时叶片失去叶绿素而枯黄，此时 EVI 下降速度最大；到收获期后，植被指数几乎降到最低。这几个发育时期在时间序列 EVI 中的变化特征可以通过图 6.5 来说明。因此，可以依据以上描述的水稻各个生长阶段的特性，利用遥感方法，通过监测时间序列的 EVI 变化，来识别水稻的生长发育期。

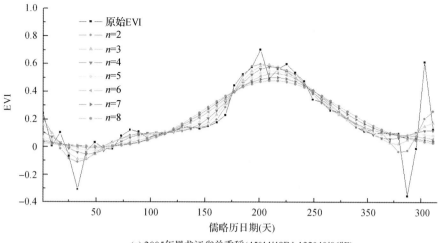

(a) 2005年黑龙江省单季稻(45°44′48″N,132°40′06″E)

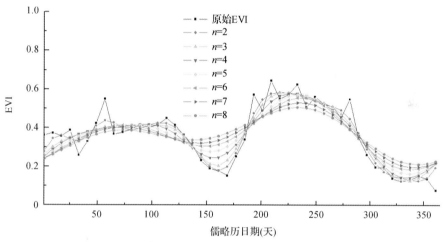

(b) 2005年江苏省冬小麦和单季稻(32°17′41″N,120°48′59″E)

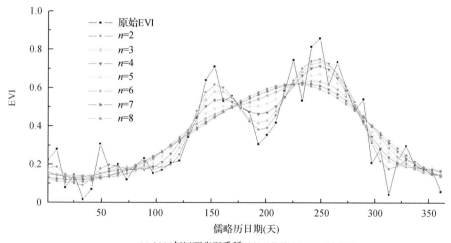

(c) 2005年江西省双季稻(28°42′34″N,116°11′36″E)

图 6.2　不同滤波窗口的 FFT 低通滤波的效果比较

Fig. 6.2　Comparison of the effects of low pass FFT with different filtering windows

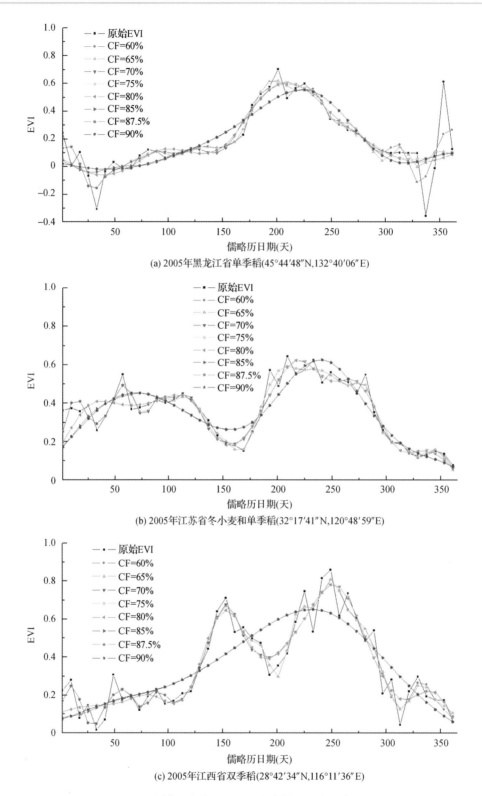

(a) 2005年黑龙江省单季稻(45°44′48″N,132°40′06″E)

(b) 2005年江苏省冬小麦和单季稻(32°17′41″N,120°48′59″E)

(c) 2005年江西省双季稻(28°42′34″N,116°11′36″E)

图 6.3　不同截止频率的 DB10 小波低通滤波的效果比较

Fig. 6.3　Comparison of the effects of low pass DB10 wavelet with different cutoff frequencies

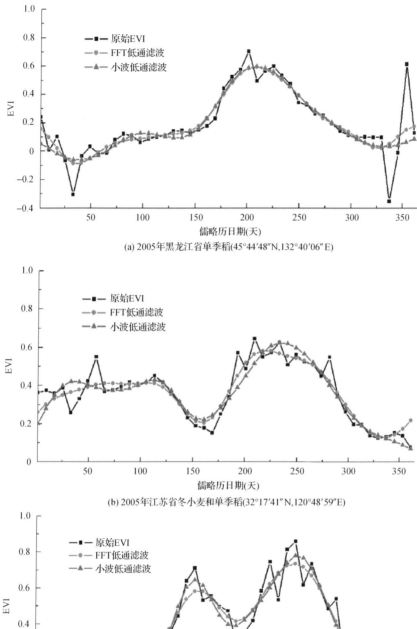

(a) 2005年黑龙江省单季稻(45°44′48″N,132°40′06″E)

(b) 2005年江苏省冬小麦和单季稻(32°17′41″N,120°48′59″E)

(c) 2005年江西省双季稻(28°42′34″N,116°11′36″E)

图 6.4　典型试验样点 EVI 季节变化以及研究确定的 FFT 低通滤波与 DB10 小波低通滤波的效果比较

Fig. 6.4　Seasonal pattern of EVI at selected samples，and the effects of selected FFT and DB10 wavelet low pass filtering

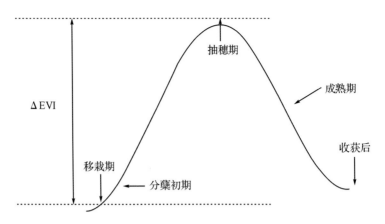

图 6.5　水稻主要发育期在滤波后时间序列 EVI 中的变化特征

Fig. 6.5　The changes of main development stages of rice in smoothed time-series EVI

在全国范围内,地形地貌、气候、水文、稻作制度等差异很大,利用简单的植被指数阈值法判断水稻发育期难以取得满意结果。在总结前人研究成果的基础上,本研究综合各种方法的优点,对不同的发育期采用不同的处理方法,实现全国范围内水稻生长发育期的识别。

本研究采用转折点法进行水稻的抽穗期和移栽期识别。首先,从利用傅立叶和小波低通滤波平滑后的时间序列植被指数曲线中找出 EVI 的最大值 EVI_{max} 和最小值 EVI_{min}(当 EVI 小于 0.15 就强行设定为最小值),再计算出最大值与最小值的差值 ΔEVI。其中,EVI_{max} 对应的时期即为抽穗期(对单季稻而言,在一年中只有 1 个最大值;而双季稻则有 2 个最大值);在判断出抽穗期以后,再判断移栽期,即如果 EVI_{min} 在抽穗期以前,那么其对应的时期为移栽期,而如果 EVI_{min} 在抽穗期以后则为收获后的时期。

对分蘖初期,本研究采用植被指数的相对变化阈值法进行判断,即通过 EVI 变化的相对幅度(即变化的百分数)来判断,这样就可以避免在不同区域由于背景差异而导致的变化不一致问题。试验表明,在 EVI 达到最大值前的某一时期,当 EVI 开始增加到超过 ΔEVI 的 10% 时,那么该时期可以被认为是分蘖初期。

而对成熟期,本研究采用最大变化斜率法进行识别。在 EVI 达到最大值后,比较每一时期与前一时期 EVI 的减少量,减少量最大的时期可以被认为是成熟期。

综上所述,利用 MODIS 数据进行水稻主要发育期识别的流程见图 6.6。

6.4　水稻主要发育期遥感识别的结果

为了验证利用多时相 MODIS 数据对水稻主要发育期的识别效果,将识别结果与气象台站的观测数据进行比较,分析两者之间的差异。因为不同年份的识别效果基本相同,所以本研究以 2005 年的比较结果为例,分析它们之间的相关性。利用多时相 MODIS 数据对单季稻、早稻和晚稻的识别结果与气象台站的观测数据进行比较,比较结果如图 6.7～6.9 所示。

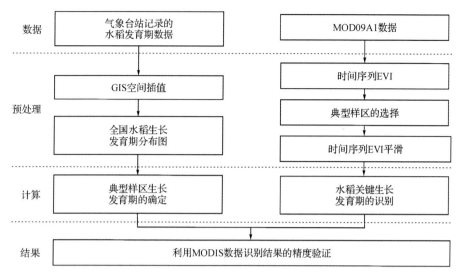

图 6.6　利用 MODIS 数据识别水稻主要发育期的流程

Fig. 6. 6　Flowchart for the identification of major development stages of paddy rice using MODIS data

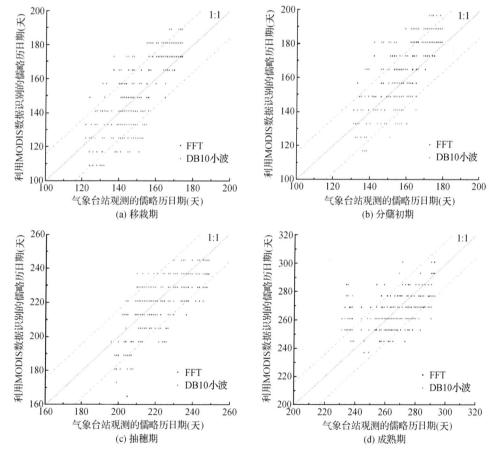

图 6.7　利用 MODIS 数据识别的 2005 年单季稻各发育期与气象台站观测的各发育期的比较

Fig. 6. 7　Comparisons between dates of rice development stages derived from the MODIS data
and observed at the meteorological stations for single rice in 2005

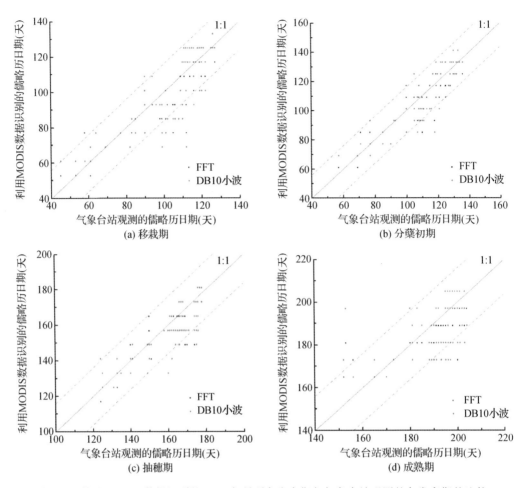

图 6.8 利用 MODIS 数据识别的 2005 年早稻各发育期与气象台站观测的各发育期的比较

Fig. 6.8 Comparisons between dates of rice development stages derived from the MODIS data and observed at the meteorological stations for early rice in 2005

通过图 6.7~6.9 的比较结果可以看出,利用 FFT 和 DB10 小波低通滤波去噪处理的 MODIS EVI 数据对水稻的这 4 个主要发育期的识别结果绝大部分的误差在 ±16 天之内。为了进一步比较它们的相关性,对两者进行 F 检验,并进一步分析利用 FFT 和小波低通滤波法之间的比较效果。相关性检验分析发现以上结果均在 0.05 水平上表现出显著的一致性,说明利用 MODIS 数据识别的结果是具有统计意义的。此外,为了进一步比较利用 FFT 和小波低通滤波处理后的时间序列 EVI 对水稻各个生长发育期识别结果的准确性,将气象台站的观测数据作为真值,采用均方根误差(RMSE)比较这两种方法的提取结果的差异,以反映各自的提取效果(见表 6.1)。

由表 6.1 可以看出,利用 FFT 和小波变换低通滤波去噪处理后的 EVI 识别水稻的生长发育期的结果基本一致,两者的误差绝大部分在 ±16 天以内。从整体而言,利用 FFT 低通滤波处理的 EVI 得出的结果略优于利用小波变换低通滤波处理的 EVI 得出的结果。

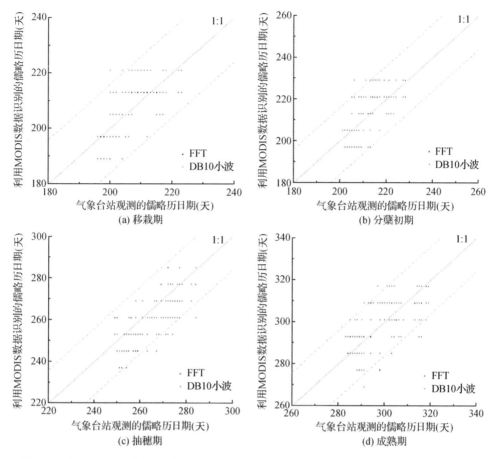

图 6.9 利用 MODIS 数据识别的 2005 年晚稻各发育期与气象台站观测的各发育期的比较

Fig. 6.9 Comparisons between dates of rice development stages derived from the MODIS data and observed at the meteorological stations for late rice in 2005

表 6.1 利用 FFT 和 DB10 小波低通滤波处理的时间序列 EVI 识别水稻主要发育期与气象台站观测的数据的均方根误差

Table 6.1 Root mean square errors between the development stages by FFT and DB10 wavelet low pass filtered EVI and the observed data from meteorological stations

种植方式	发育期名称	FFT(天)	DB10 小波(天)
单季稻	移栽期	10.7	16.2
	分蘖期	11.1	15.9
	抽穗期	11.2	11.5
	成熟期	13.6	12.4
早稻	移栽期	11.6	12.6
	分蘖期	8.9	10.5
	抽穗期	9.5	10.1
	成熟期	9.6	12.9
晚稻	移栽期	7.2	9.3
	分蘖期	7.8	9.5
	抽穗期	9.3	8.8
	成熟期	7.9	10.4

6.5 本章小结

本研究在对时间序列 EVI 进行傅立叶和小波低通滤波平滑后,利用转折点法从平滑后的时间序列植被指数曲线中找出 EVI 的最小值和最大值,作为判断移栽期和抽穗期的依据;再计算出最大值与最小值的差值 ΔEVI,然后利用植被指数相对变化阈值法,通过 EVI 变化的相对幅度判断分蘖期;在 EVI 达到最大值后,采用最大变化斜率法判断减少量最大的时期,以此识别成熟期。研究表明,利用遥感方法进行大范围水稻发育期识别具有很好的发展前景,随着遥感资料的时间分辨率、空间分辨率提高,水稻主要发育期遥感识别的精度也将进一步提高,其结果对于水稻长势遥感监测具有重要意义。

第7章　水稻产量遥感预报模型研究

及时准确的水稻产量数据可以为各级政府及有关部门指导农业生产,制订收购、存储、运输、加工和进出口计划提供依据,对确保粮食安全至关重要。本章在水稻遥感估产分区、水稻面积提取的基础上,利用多时相 MOD09A1 和 MOD13Q1 数据、湖南省 1∶25 万的县级行政区划图、分县水稻单产和总产数据、2000—2008 年水稻发育期数据、湖南调查总队农业处提供的 2006 年和 2007 年早稻、晚稻及单季稻抽样调查地块实割实测标准亩产数据,建立基于多时相 MODIS 数据的水稻总产和单产遥感预报模型,以及基于像元水平 MODIS GPP/NPP 的水稻遥感估产模型。

7.1　湖南省水稻总产遥感预报模型研究

如前所述,利用多时相 MODIS 数据可以提取水稻种植面积,而不同发育期的 EVI 数据可以反映水稻长势,进而影响产量。因此,本研究利用 2000—2008 年多时相 MOD09A1 数据,在水稻种植面积提取的基础上,利用 1∶25 万的县级行政区划图,得到 2000—2008 年各时相各县市水稻种植区所对应的早稻、晚稻及单季稻 EVI 平均值。结合发育期数据,分别计算得到 2000—2008 年各县市水稻种植区所对应的早稻、晚稻及单季稻的分蘖期、孕穗期、抽穗期、乳熟期、成熟期的 EVI 平均值。将各个县、各生育期的 EVI 乘以该县水稻面积(千公顷)的结果(AEVI)作为自变量,以县级水稻总产(吨)作为因变量,建立水稻总产遥感拟合模型。其中,利用 2000—2007 年数据进行建模,利用 2008 年的省级水稻总产进行预测检验。

按照分区和未分区两种思路,分别建立各主要生育期的 AEVI 与县水稻总产的一次线性、二次非线性回归模型,以及水稻总产与各生育期 AEVI 的逐步回归模型。通过均方根误差(RMSE)、相对误差比较分析,选择水稻总产最优遥感预报模型。然后比较分区和未分区最优模型结果,进而对 2008 年的水稻总产进行预测。具体技术路线如图 7.1 所示。

7.1.1　水稻总产遥感预报模型

以湖南省各县水稻总产为因变量,以 2000—2007 年早稻、晚稻及单季稻各主要生育期(分蘖期、孕穗期、抽穗期、乳熟期及成熟期)的 AEVI 为自变量,分别建立分区和未分区的湖南省各县水稻总产与对应的各发育期 AEVI 一次线性、二次非线性及逐步回归的模型。

表 7.1 为未分区的湖南省早稻、晚稻及单季稻总产最优遥感拟合模型及相对误差,由表 7.1 可知,未分区结果的水稻总产遥感最优预报模型对于早稻和单季稻为逐步回归模型,对

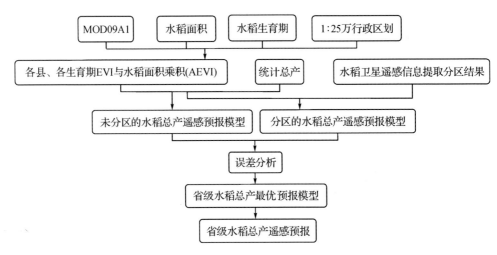

图 7.1　湖南省水稻总产遥感预报技术路线

Fig. 7.1　Flowchart of production prediction of paddy rice using remotely sensed data in Hunan Province

于晚稻为二次非线性模型,在单季稻和早稻模型中都有孕穗期 AEVI,可见孕穗期是水稻总产遥感预报的一个关键时期。由早稻、单季稻逐步回归模型可以看出,水稻最终产量是由几个生育期共同决定的,孕穗期 EVI 越高,产量越大;而成熟期 EVI 越高,产量越小。RMSE晚稻较大,单季稻较小,主要因为各县市早稻、晚稻总产比单季稻要大。另外,早稻省级相对误差小于 5%,晚稻、单季稻相对误差小于 8%。

表 7.1　未分区的湖南省早稻、晚稻及单季稻总产最优遥感拟合模型及相对误差

Table 7.1　Optimal fitting models for production prediction and relative errors of early, late and single rice using remotely sensed data based on un-regionalization in Hunan Province

稻作类型	最优模型	R^2	样本数	省级 RMSE（吨）	省级相对误差（%）
早稻	$y=59587.31+11823.469\,AEVI_{孕穗期}-5130.623\,AEVI_{成熟期}$	0.66	673	58748.35	-4.02
晚稻	$y=-227.6(AEVI_{抽穗期})^2+13643\,AEVI_{抽穗期}+54212$	0.57	695	82426.86	-7.71
单季稻	$y=34931.668+20767.549\,AEVI_{孕穗期}-11076.485\,AEVI_{成熟期}-7971.106\,AEVI_{分蘖期}$	0.58	784	38160.76	-5.63

　　根据水稻遥感估产分区结果,湖南省水稻估产一共分为 2 个一级区,即单季稻区和双季稻区;5 个二级区,分别为湘西北山地丘陵单季稻区和湘东南山地单季稻区、湘东北平原山地双季稻区和湘中丘陵平原双季稻区和湘南山地丘陵双季稻区。基于分区的水稻遥感估产模型研究在二级区中进行。以湖南省各县水稻总产为因变量,以 2000—2007 年早稻、晚稻及单季稻各主要生育期的 AEVI 为自变量,按照 5 个二级区,建立各县水稻总产与各发育期AEVI一次线性、二次非线性及逐步回归的水稻总产模型(见表 7.2～7.4)。

　　由表 7.2～7.4 可知,基于分区结果的水稻总产遥感最优预报模型既有二次非线性模型也有逐步回归线性模型,且最优模型的生育期主要集中在孕穗期到乳熟期。早稻、晚稻

RMSE 较单季稻大,在各分区中,湘东北平原山地双季稻区与湘中丘陵平原双季稻区的 RMSE 比其他各分区都要大,可能是因为这两分区为平原区且是湖南省水稻主要种植区,其各县市水稻总产相对于其他三个山地丘陵区而言要大很多,所以 RMSE 也相对较大。另外,除了晚稻湘西北山地丘陵单季稻区及湘东北平原山地双季稻区相对误差较大外,其余各分区内相对误差都小于 5%;晚稻省级相对误差约为 4%,早稻与单季稻省级相对误差小于 3%。

表 7.2　基于分区的湖南省早稻总产最优遥感拟合模型及相对误差

Table 7.2　Optimal fitting models for production prediction and relative errors of early rice using remotely sensed data based on regionalization in Hunan Province

分区名	最优模型	R^2	样本数	区内 RMSE(吨)	区内相对误差(%)	省级 RMSE(吨)	省级相对误差(%)
湘西北山地丘陵单季稻区	$y=13148.664+51124.816 \text{AEVI}_{孕穗期}-53268.628 \text{AEVI}_{分蘖期}$	0.52	133	24351.44	−2.42		
湘东南山地单季稻区	$y=-8762(\text{AEVI}_{抽穗期})^2+27859 \text{AEVI}_{抽穗期}+19620$	0.47	37	16050.33	−1.85		
湘东北平原山地双季稻区	$y=82554.091+14276.93 \text{AEVI}_{孕穗期}-4156.653 \text{AEVI}_{成熟期}-5110.665 \text{AEVI}_{乳熟期}$	0.65	205	67563.35	−3.45	47229.94	−2.10
湘中丘陵平原双季稻区	$y=-406.4(\text{AEVI}_{抽穗期})^2+15707 \text{AEVI}_{抽穗期}+63737$	0.71	215	45260.01	−1.04		
湘南山地丘陵双季稻区	$y=-3923(\text{AEVI}_{抽穗期})^2+32377 \text{AEVI}_{抽穗期}+39863$	0.59	83	21008.83	0.30		

表 7.3　基于分区的湖南省晚稻总产最优遥感拟合模型及相对误差

Table 7.3　Optimal fitting models for production prediction and relative errors of late rice using remotely sensed data based on regionalization in Hunan Province

分区名	最优模型	R^2	样本数	区内 RMSE(吨)	区内相对误差(%)	省级 RMSE(吨)	省级相对误差(%)
湘西北山地丘陵单季稻区	$y=17286.035+26213.239 \text{AEVI}_{抽穗期}-27306.036 \text{AEVI}_{成熟期}$	0.54	127	30553.69	−7.77		
湘东南山地单季稻区	$y=-88.09(\text{AEVI}_{抽穗期})^2+1349 \text{AEVI}_{抽穗期}+27885$	0.42	40	18144.79	−3.10		
湘东北平原山地双季稻区	$y=-317.8(\text{AEVI}_{乳熟期})^2+15915 \text{AEVI}_{乳熟期}+75804$	0.56	218	91118.37	−6.01	68101.61	−4.18
湘中丘陵平原双季稻区	$y=-388.8(\text{AEVI}_{孕穗期})^2+15133 \text{AEVI}_{孕穗期}+92306$	0.50	221	73575.14	−1.93		
湘南山地丘陵双季稻区	$y=-506.5(\text{AEVI}_{抽穗期})^2+11920 \text{AEVI}_{抽穗期}+47264$	0.41	88	31127.85	−2.22		

表 7.4　基于分区的湖南省单季稻总产最优遥感拟合模型及相对误差

Table 7.4　Optimal fitting models for production prediction and relative errors of single rice using remotely sensed data based on regionalization in Hunan Province

分区名	最优模型	R^2	样本数	区内RMSE(吨)	区内相对误差(%)	省级RMSE(吨)	省级相对误差(%)
湘西北山地丘陵单季稻区	$y=62185.029+13796.651\ AEVI_{分蘖期}-6299.483\ AEVI_{孕穗期}$	0.72	209	23985.69	−1.59		
湘东南山地单季稻区	$y=1578(AEVI_{抽穗期})^2-5437\ AEVI_{抽穗期}+46246$	0.42	39	8000.78	−0.47		
湘东北平原山地双季稻区	$y=-85.11(AEVI_{抽穗期})^2+6182\ AEVI_{抽穗期}+6797$	0.61	224	33447.87	−3.54	27466.89	−2.61
湘中丘陵平原双季稻区	$y=28631.796+46317.129\ AEVI_{孕穗期}-31141.624\ AEVI_{分蘖期}-17931.341\ AEVI_{成熟期}$	0.63	225	29674.36	0.16		
湘南山地丘陵双季稻区	$y=609.9(AEVI_{乳熟期})^2+7069\ AEVI_{乳熟期}+17248$	0.81	88	15286.15	−0.71		

7.1.2　水稻总产遥感预报模型拟合结果评价

根据以上模型构建结果及误差分析可知,分区的早稻、晚稻及单季稻省级总产最优遥感估产模型的 RMSE 及相对误差都小于未分区的。图 7.2～7.4 为分区与未分区的 2000—2007 年各县早稻、晚稻及单季稻总产与统计值比较散点图。由图 7.2～7.4 可知,相对于未分区结果而言,分区的水稻总产遥感拟合结果与统计值更多地集中在 1∶1 线附近,这进一步说明分区水稻总产遥感预报结果比未分区的结果要好。这主要是因为通过分区后,消除了不同区域之间的差别,使分区内种植结构、水稻单产、地形特征保持相对一致。所以本研究采用分区的水稻总产遥感拟合模型作为湖南省最终的水稻总产遥感预报模型。

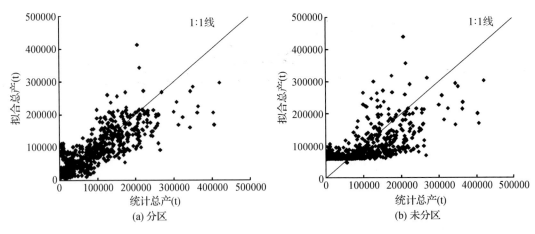

图 7.2　湖南省分区和未分区的最优遥感拟合模型估算的 2000—2007 年县级早稻总产与统计值比较

Fig. 7.2　Comparison between productions of early rice predicted from optimal fitting models based on regionalization and un-regionalization and statistics from 2000 to 2007 at county levels in Hunan Province

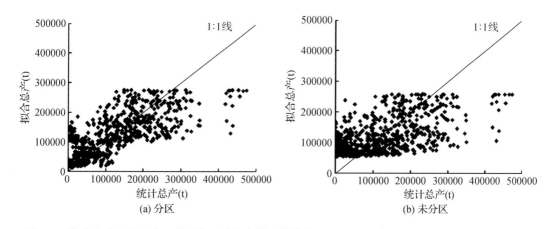

图 7.3　湖南省分区和未分区的最优遥感拟合模型估算的 2000—2007 年县级晚稻总产与统计值比较

Fig. 7.3　Comparison between productions of late rice predicted from optimal fitting models based on regionalization and un-regionalization and statistics from 2000 to 2007 at county levels in Hunan Province

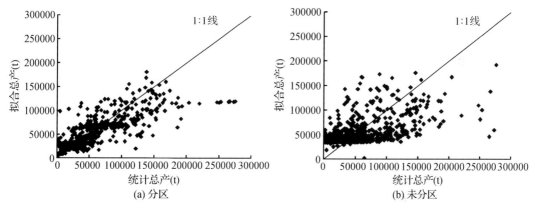

图 7.4　湖南省分区和未分区的最优遥感拟合模型估算的 2000—2007 年县级单季稻总产与统计值比较

Fig. 7.4　Comparison between productions of single rice predicted from optimal fitting models based on regionalization and un-regionalization and statistics from 2000 to 2007 at county levels in Hunan Province

7.1.3　水稻总产遥感预报模型预测结果评价

水稻产量遥感拟合模型构建的一个重要目标是进行水稻产量预测。根据对分区与未分区情况下省级水稻总产估算结果比较,发现水稻总产最优遥感拟合模型是分区模型,因此,利用 2008 年水稻各发育期间 AEVI 数据,代入分区的水稻总产预报模型,计算 2008 年水稻总产,预测结果与统计值比较如图 7.5 和表 7.5 所示。由图 7.5 可知,预测值与统计值比较散点图主要集中在 1∶1 线附近,说明预测结果与统计值具有较好的一致性。由表 7.5 可知,2008 年省级水稻总产预报结果与统计值相比,早稻、晚稻 RMSE 为 60000 多吨,单季稻为 30000 多吨,相对误差都小于 5%。

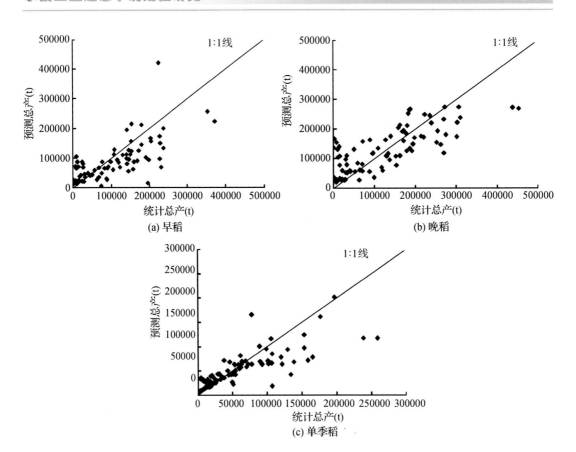

图 7.5　湖南省 2008 年各县早稻、晚稻及单季稻总产遥感预报结果与统计数据比较

Fig. 7.5　Comparison between productions of early, late and single rice predicted from optimal fitting models based on regionalization and statistics in 2008 at county levels in Hunan Province

表 7.5　湖南省 2008 年水稻总产遥感预测结果及误差分析

Table 7.5　Predicting results and errors analysis of rice production in Hunan Province in 2008

稻作类型	预测总产（t）	RMSE（t）	相对误差（%）
早稻	9148482.36	60956.51	3.96
晚稻	11171649.43	66267.75	−3.81
单季稻	5205091.59	33469.14	4.97

　　以上结果表明,分区的水稻总产遥感预报模型比未分区的要好,且生育期主要集中于孕穗期、抽穗期和乳熟期。误差分析结果显示,水稻总产预测结果的误差总体上要比拟合结果大,但与统计值之间的相对误差都小于 5%。

7.2　基于统计抽样调查地块实割实测数据的水稻单产遥感估算模型

　　1981 年 9 月国务院批准建立全国农村抽样调查队,随后,国家统计局和农牧渔业部联合制发了《全国农产量抽样调查试行方案》。1984 年 7 月,国家统计局制定了《农村抽样调查网点抽选方案(试行)》,每年获取大量的实割实测样本,如 1982 年 9 个早稻主产省对 129 个县、3335 个生产队、31545 个地块、219511 个样本点进行了实割实测(曾玉平和张勇,2004)。如何充分利用这些样本资料,建立水稻遥感估产模型,以改进国家统计部门水稻产量调查统计方法,提高工作效率,具有重要意义。本节主要介绍利用湖南省统计局 2006 年和 2007 年早稻、晚稻及单季稻统计抽样调查地块实割实测数据及对应位置的 3×3 像元 MOD13Q1、MYD13Q1 EVI 数据建立水稻单产遥感预报模型的方法,其技术路线如图 7.6 所示。

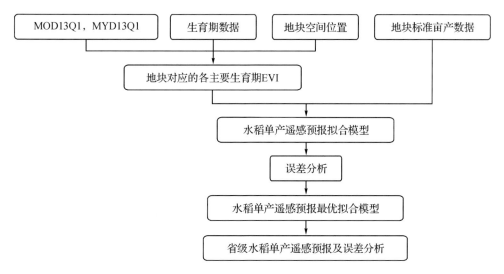

图 7.6　基于地块实割实测数据的水稻单产遥感预报技术路线

Fig. 7.6　Flowchart of yield prediction of paddy rice based on relating plot measured data and remotely sensed data in Hunan Province

7.2.1　湖南省水稻产量统计抽样地块的空间分布

国家统计局在湖南省设立了 37 个抽样县,其空间分布如图 7.7 所示。早稻、晚稻单产在 28 个国家调查县 143 个调查点中进行,单季稻在 21 个国家调查县 90 个调查点中进行。本研究所用的 2006 年和 2007 年早稻、晚稻及单季稻抽样调查地块位置及实割实测标准亩产数据由湖南调查总队农业处提供。图 7.7～7.9 是根据各地块的空间位置信息制作的 2006 年和 2007 年早稻、晚稻及单季稻建模与验证地块空间分布,结合湖南省水稻遥感估产分区结果,可见 2006 年和 2007 年早稻、晚稻及单季稻统计抽样地块基本覆盖了 2 个一级分区及 5 个二级分区。早稻与晚稻地块空间分布大致相同,早稻、晚稻与单季稻地块的空间分布却存在较大的差异,这是由于在一些单季水稻种植区,如湖南省西北地区,很多县市没有种植双季水稻或种植面积很小。

7.2.2　基于 MOD13Q1 与 MYD13Q1 水稻各发育期的 EVI 计算

Terra 和 Aqua 卫星分别于 1999 年和 2002 年成功发射,其上搭载的中分辨率成像光谱仪(Moderate-resolution Imaging Spectroradiometer,MODIS)在 0.4～14.5μm 波长范围内

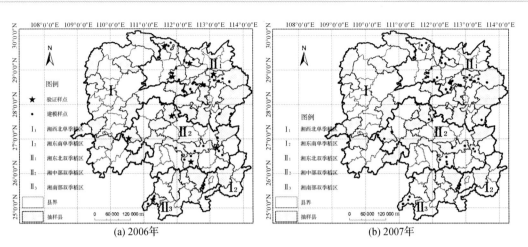

图 7.7　2006 年和 2007 年湖南省早稻抽样地块空间分布

Fig. 7.7　Spatial distribution of early rice yield sampling plots in 2006 and 2007 in Hunan Province

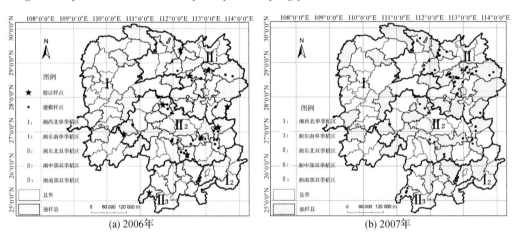

图 7.8　2006 年和 2007 年湖南省晚稻抽样地块空间分布

Fig. 7.8　Spatial distribution of late rice yield sampling plots in 2006 and 2007 in Hunan Province

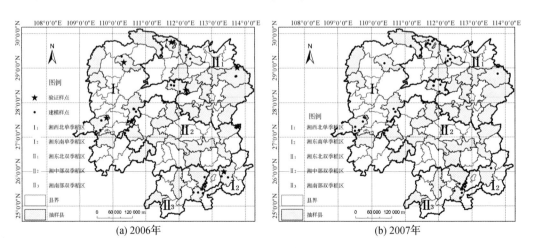

图 7.9　2006 年和 2007 年湖南省单季稻抽样地块空间分布

Fig. 7.9　Spatial distribution of single rice yield sampling plots in 2006 and 2007 in Hunan Province

提供了 36 个离散波段的图像,星下点空间分辨率约为 $250m \times 250m$、$500m \times 500m$ 或 $1000m \times 1000m$。为了促进 MODIS 数据的应用,MODIS 研究团队推出陆地、海洋、大气等产品供用户使用,MOD13Q1 和 MYD13Q1 是对应这两颗卫星的数据产品,可以提供上午和下午的 EVI 数据,其时间分辨率为 16 天。为了增加水稻遥感估产的有效数据,本研究尝试将 Terra 和 Aqua MODIS 植被指数产品 MOD13Q1 与 MYD13Q1 合并使用,因此有必要对 MOD13Q1 与 MYD13Q1 数据的一致性进行比较。

选择每期的 MOD13Q1 与 MYD13Q1 数据产品,利用 2006 年和 2007 年 MOD13Q1 与 MYD13Q1 数据产品中数据 QA 信息和早稻、晚稻及单季稻抽样地块的空间位置信息,提取同一期中 MOD13Q1 与 MYD13Q1 3×3 像元水平 MOD13Q1 与 MYD13Q1 EVI。基于 3×3 像元水平的 2006 年和 2007 年湖南省水稻抽样地块所对应的 MOD13Q1 与 MYD13Q1 EVI 比较如图 7.10 所示,MOD13Q1 与 MYD13Q1 EVI 点集中分布在 1:1 线附近。

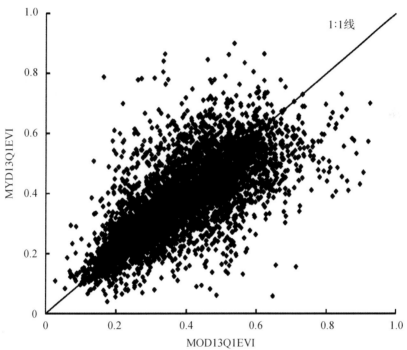

图 7.10　基于 3×3 像元水平的 2006 年和 2007 年湖南省水稻抽样地块所对应的 MOD13Q1
与 MYD13Q1 EVI 比较

Fig. 7.10　Comparison of EVI for rice sampling plots in Hunan Province between MOD13Q1
and MYD13Q1 at the 3×3 pixels level in 2006 and 2007

表 7.6 为基于 3×3 像元水平的 2006 年和 2007 年湖南省水稻抽样地块所对应的 MOD13Q1 与 MYD13Q1 EVI 误差绝对值,由表 7.6 可知,90% 以上的误差小于 0.09。因此,可以将 MOD13Q1 与 MYD13Q1 EVI 合并用于水稻产量遥感预报研究。所以,结合湖南省 2006 年和 2007 年早稻、晚稻及单季稻生育期数据,分别提取 2006 年和 2007 年早稻、晚稻及单季稻抽样地块所对应的 3×3 网格的分蘖期、孕穗期、抽穗期、乳熟期及成熟期的 MOD13Q1、MYD13Q1 EVI,用于水稻遥感估产建模。

表 7.6 基于 3×3 像元水平的 2006 年和 2007 年湖南省水稻抽样地块所对应的 MOD13Q1 与 MYD13Q1 EVI 误差绝对值在各区间的百分比

Table 7.6 Percentage of different range absolute error between MOD13Q1 and MYD13Q1 EVI for rice sampling plots in Hunan Province in 2006 and 2007

MOD13Q1 与 MYD13Q1 EVI 的绝对误差	<0.01	<0.02	<0.03	<0.04	<0.05	<0.06	<0.07	<0.08	<0.09	<0.10	>0.10
占总像元的百分比(%)	23.53	40.37	52.63	62.28	70.49	77.42	83.23	88.84	93.49	97.02	2.98

7.2.3 水稻单产遥感预报模型及误差分析

根据湖南省水稻产量抽样调查地块的分布情况(见图 7.7～7.9),将地块分成建模样点和验证样点,以建模样点 2006 年早稻、晚稻及单季稻抽样地块所对应的 3×3 网格的分蘖期、孕穗期、抽穗期、乳熟期及成熟期的 MOD13Q1、MYD13Q1 EVI 为自变量,以抽样地块的单产为因变量,采用一次线性、二次非线性和逐步回归方法建立水稻单产遥感预报模型。通过拟合误差分析,选择最优单产遥感预报模型(见表 7.7)。由表 7.7 可见,在各年水稻遥感估产模型中,以二次非线性模型或逐步回归模型精度较高,且用于预报的生育期都集中在水稻生长的孕穗期和抽穗期。水稻单产拟合模型的建模与验证地块的相对误差都小于 2%,单季稻的 RMSE 较小,早稻和晚稻的 RMSE 较大。将建模和验证地块综合,利用最优拟合模型计算地块单产,得到 2006 年各地块拟合与实割实测标准亩产数据,绘制各地块拟合结果与实测数据的比较散点图(见图 7.11),由图 7.11 可知,拟合值与实测值的点主要集中在 1:1 线附近。

表 7.7 2006 年湖南省地块实割实测数据的水稻单产最优遥感拟合模型及其误差分析

Table 7.7 Optimal fitting models and errors analysis of rice yield prediction using rice yield sampling data and remotely sensed data in Hunan Province in 2006

稻作类型	最优估产模型	样本数	R^2	RMSE (kg/ha)	建模相对误差(%)	验证相对误差(%)
早稻	$y = 99.532 - 120.361\ EVI_{孕穗期} + 786.962\ EVI_{抽穗期} - 133.695\ EVI_{乳熟期}$	71	0.86	297.54	0.31	−0.52
晚稻	$y = 14738(EVI_{抽穗期})^2 - 13749\ EVI_{抽穗期} + 3606$	40	0.82	308.07	−0.03	1.16
单季稻	$y = -3456(EVI_{抽穗期})^2 + 4389\ EVI_{抽穗期} - 883.2$	48	0.81	25.81	1.15	0.13

为了进一步验证模型的预报效果,将 2007 年各地块对应生育期的 3×3 像元水平的 MOD13Q1 与 MYD13Q1 EVI,代入 2006 年最优拟合模型预测 2007 年的省级水稻单产,所得早稻、晚稻及单季稻单产遥感预测结果与实测值的相对误差如表 7.8 所示。由表 7.8 可知,省级水稻单产预测结果相对误差仍然小于 5%。另外,图 7.12 为 2007 年早稻、晚稻及单季稻单产遥感预测结果与实测值的散点,由图 7.12 可知,虽然一些地块预测结果与统计值相差较大,但总体上集中分布于 1:1 线附近,说明预测结果与统计值具有较好的一致性。

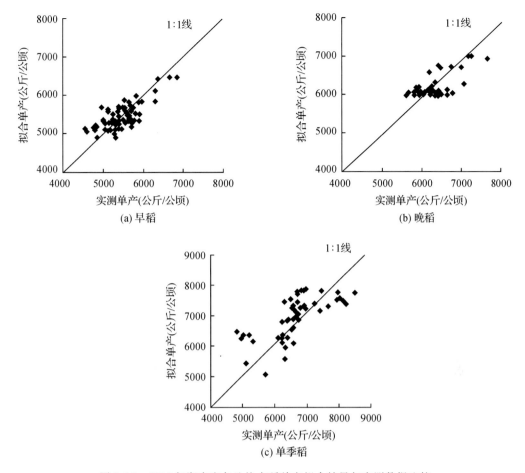

图 7.11 2006 年湖南省各地块水稻单产拟合结果与实测数据比较

Fig. 7.11 Comparison between rice yields predicted by optimal fitting models and rice yield sampling data at the plot level in Hunan Province in 2006

表 7.8 基于 2006 年地块实割实测数据建立的最优水稻单产遥感预报模型预测的 2007 年湖南省水稻单产及误差分析

Table 7.8 Rice yields and errors analysis of optimal fitting models for rice yield prediction in Hunan Province in 2007 using rice yield sampling data and remotely sensed data in 2006

稻作类型	单产(kg/ha)	相对误差(%)
早稻	5774.18	−4.46
晚稻	6395.18	4.88
单季稻	7112.54	−4.49

本节在湖南调查总队农业处提供的 2006 年和 2007 年早稻、晚稻及单季稻地块实割实测标准单产数据,及其空间位置信息的支持下,生成带有空间位置信息的调查点实割实测标准亩产数据集。选取水稻各主要生育期(分蘖期、孕穗期、抽穗期、乳熟期及成熟期)抽样地块所在像元 3×3 范围内的 MOD13Q1 与 MYD13Q1 EVI 平均值作为自变量,建立基于统计局统计抽样调查地块实割实测标准亩产数据的一次线性、二次非线性,以及逐步回归的水稻遥感预报模型。通过模型误差分析,选择水稻单产最优遥感拟合模型。再利用 2007 年地块

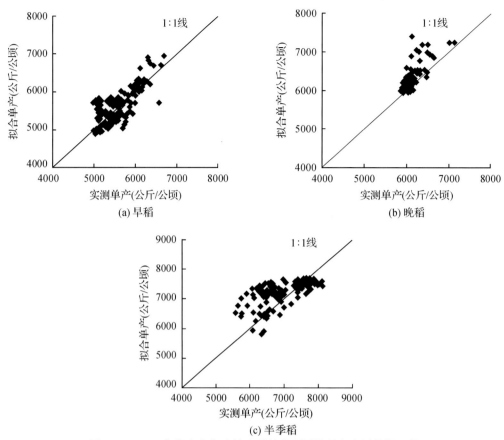

图 7.12　2007 年湖南省各地块水稻单产预测结果与实测数据比较

Fig. 7.12　Comparison between rice yields predicted by optimal fitting models and rice yield sampling data at the plot level in Hunan Province in 2007

数据验证最优拟合模型的预报精度,结果表明,在省级水平上,基于地块实割实测标准亩产数据的水稻单产遥感预报的相对误差小于 5%。

7.3　基于像元水平 MODIS GPP/NPP 的水稻遥感估产模型

绿色植物利用光能合成的有机物质总量是地球上最初和最基础的能量储存,故又称为总初级生产量(GPP)。在总初级生产量中,有一部分被植物自己的呼吸消耗掉,剩下的部分才以有机物质的形式用于植物的生长发育,这部分生产量称为净初级生产量(NPP)。本节主要介绍利用 MODIS 数据计算像元水平的 GPP/NPP,以湖南省醴陵市为研究区,以 2005 年 1∶1 万土地利用现状图提取的水田面积为基础,研究基于像元水平的 MODIS GPP/NPP 数据的水稻遥感估产方法。

7.3.1　研究区概况

醴陵市位于湖南省东部,罗霄山脉北段西沿,湘江支流渌水流域。东邻江西省萍乡市,北连浏阳市,南接攸县。总面积 2157.20km² ,以山地、丘陵为主。2005 年行政区划调整后的醴陵市辖 4 个街道、18 个镇、8 个乡。醴陵市属中亚热带东南季风湿润气候,年平均气温 17.6℃,无霜期 288 天;年平均日照时数 1321～1588h;年平均降水量 1300～1600mm。粮食总播种面积接近 66kha,其中水稻种植面积占 95％以上,且以双季稻为主(见表 7.9)。

表 7.9　2005—2007 年醴陵市水稻面积

Table 7.9　Paddy rice area in Liling city from 2005 to 2007

年份	粮食总面积（ha）	早稻面积（ha）	单季稻面积（ha）	晚稻面积（ha）	水稻总面积（ha）	水稻面积占粮食作物面积的百分比(％)
2005	63935.73	28695.67	1885.20	30463.93	61044.80	95.48
2006	65520.20	28708.07	2092.73	31640.00	62440.80	95.30
2007	65358.40	28553.87	2293.87	31387.73	62235.47	95.22

7.3.2　基于 GPP/NPP 的水稻遥感估产方法

MOD17 产品中有 8 天的 GPP(kg・C・day^{-1})(8 天 GPP 总和)和年 GPP(一年中 GPP 总和)两种数据。其计算公式为[①]:

$$GPP = \varepsilon \times APAR \tag{7.1}$$

$$\varepsilon = \varepsilon_{max} \times TMIN\_scalar \times VPD\_scalar \tag{7.2}$$

$$APAR = (SWRad \times 0.45) \times FPAR \tag{7.3}$$

其中,ε 是光能利用率参数(kg・C・MJ^{-1});ε_{max} 是 ε 的最大值,主要受地表覆盖类型的影响; TMIN_scalar 是每天最高与最低温度差(℃);VPD_scalar 是每天最高与最低水汽压差; APAR 是指被植物吸收的光合有效辐射(MJ・m^{-2}・day^{-1});SWRad 是向下太阳短波辐射(MJ・m^{-2}・day^{-1});FPAR 是光合有效辐射分量。

由于 MOD17 产品中没有每 8 天的 NPP 产品(Zhao 和 Running,2006),为了能获取水稻生长期各阶段 NPP 的值,本研究尝试采用 MOD17 产品指南中计算年 NPP 的方法来计算 8 天的 NPP。对于水稻种植区而言,NPP 的计算公式为:

$$NPP = PSN_{net} - GR_{Leaf} - GR_{root} \tag{7.4}$$

$$PSN_{net} = GPP - MR_{Leaf} - MR_{root} \tag{7.5}$$

$$GR_{Leaf} = LAI_{8\ day,max} \times 8\ day\_turnover\_proportion \times leaf\_gr\_base \tag{7.6}$$

$$GR_{root} = GR_{Leaf} \times froot\_leaf\_gr\_ratio \tag{7.7}$$

由式(7.5)可知 PSN$_{net}$ 是从 GPP 中减去维持呼吸这部分所消耗的能量。在 MOD17A2 产品中有每 8 天的 PSN$_{net}$ 数据产品,所以本研究就不再介绍叶片维持呼吸(MR$_{Leaf}$)和根维持呼吸(MR$_{root}$)的具体计算方法,具体可以参见 MOD17 产品使用指南。GR$_{Leaf}$、GR$_{root}$ 分别为叶片生长呼吸和根生长呼吸(kg・C・8-day^{-1})。LAI$_{8\ day,max}$ 为 8 天的最大叶面积指数, MOD17 产品使用指南中,此部分为年最大叶面积指数。为了计算 8 天的 NPP,本研究中 LAI$_{8\ day,max}$ 直接利用 8 天的 MOD15A2 产品中的 LAI,忽略叶面积指数在 8 天内的变化。 8 day_turnover_proportion 是转换系数,在 MOD17 产品使用指南中,此部分为年转换系数, 对水稻而言,取值为 1.00,本研究直接利用这一值。leaf_gr_base 为水稻叶片生长呼吸基

---

① 　资料来源:http://ntsg.umt.edu/modis/MOD17UsersGuide.pdf。

值,取值为 0.30;froot_leaf_gr_ratio 为根生长呼吸与叶片生长呼吸比,取值为 2.00。利用以上方法得到 2005 年和 2006 年每 8 天的 NPP,与年 NPP 产品结果的比较如图 7.13 所示,可以发现,通过以上算法估算的 NPP 值比 MODIS 年 NPP 产品值要大。

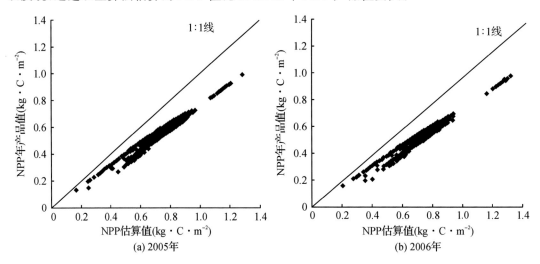

图 7.13 2005 年和 2006 年醴陵市水稻种植区每 8 天 NPP 产品总和与年 NPP 产品值比较

Fig. 7.13 Comparison of NPP values between 8-day and annual product in Liling city in 2005 and 2006

在总结前人的研究成果的基础上,本研究中醴陵市早稻、晚稻产量估算方法分别为:

$$\mathrm{Yield}_{早稻} = \sum_{t=0}^{a} \mathrm{GPP}(或者\ \mathrm{NPP})_t \times F \times R \times \mathrm{HI}_{早稻} \tag{7.8}$$

$$\mathrm{Yield}_{晚稻} = \sum_{t=0}^{a} \mathrm{GPP}(或者\ \mathrm{NPP})_t \times F \times R \times \mathrm{HI}_{晚稻} \tag{7.9}$$

其中,F 是水稻中碳到生物量的转化系数,此处取值为 $1/0.45$;R 为水稻地上生物量所占的比例,取值为 0.90;$\mathrm{HI}_{早稻}$ 为早稻的收获指数,取值为 0.55;$\mathrm{HI}_{晚稻}$ 为晚稻的收获指数,取值为 0.60;t 为 $0 \sim a$,表示水稻生长期,由醴陵市水稻生长物候资料得到。

7.3.3 水稻像元纯度对估产精度的影响

由于 MODIS GPP/NPP 产品的空间分辨率是 1km×1km,对于本研究区以及中国大部分南方水稻种植区而言,有相当一部分水稻种植地块小于此产品的像元。为此,本研究的另一重要目的是研究水稻像元纯度对估产精度的影响。

本研究对醴陵市 1:1 万水田数据进行邻近图斑合并后,按照 MODIS GPP/NPP 像元大小生成 1km×1km 的网格。然后,对水稻田进行重新分割,与 MODIS GPP/NPP 影像像元匹配,实现各像元与 1km×1km 网格一一对应。并计算重新分割后网格的水稻像元纯度,结果如图 7.14 所示,图中数字为水稻像元纯度。

根据醴陵市提供的各乡镇水稻单产数据,利用 GIS 技术,以 1:1 万的行政区划图为基础数据,将各乡镇产量赋给乡镇范围内所包含的 1km×1km 网格中,即将以行政单位为单元的产量转换为以图像像素点为单元的产量。再根据网格内水稻田的面积,计算得到基于统计数据的每个网格的统计水稻总产。然后,与基于 MODIS GPP/NPP 估产结果比较,分析

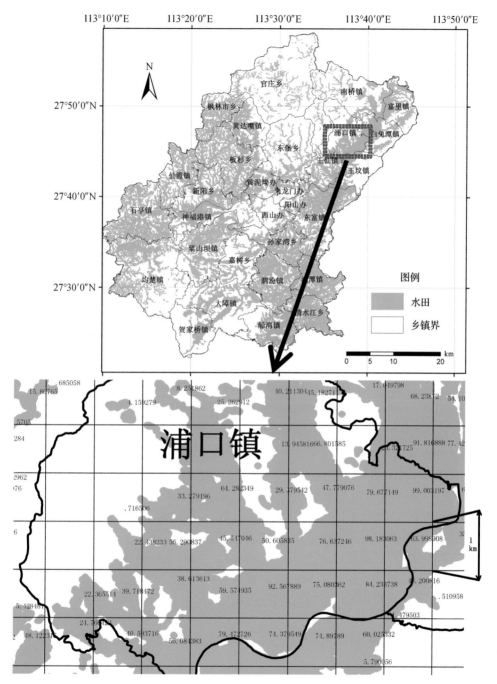

图 7.14　醴陵市水田重新分割及其水稻像元纯度

Fig. 7.14　Re-segmentation of paddy rice field and rice pixels purity in 1km×1km grid in Liling city

1km×1km 网格水稻像元纯度对估产精度的影响,精度验证的技术路线如图 7.15 所示。

利用上述研究方法,得到 2005 年和 2006 年醴陵市种植水稻区所有 1km×1km 网格中,基于 GPP/NPP 的早稻与晚稻遥感估产结果。并且与网格内统计产量进行比较,相对误差随水稻像元纯度的变化如图 7.16 和图 7.17 所示。

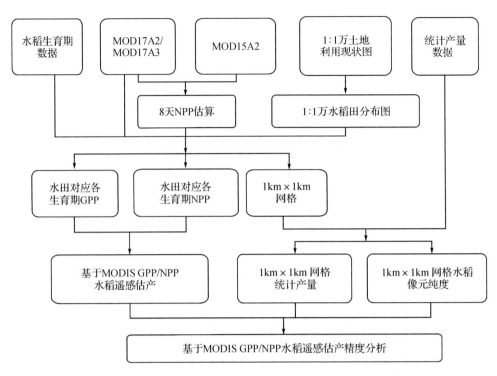

图 7.15　基于 MODIS GPP/NPP 的水稻遥感估产技术路线

Fig. 7.15　Flowchart illustrating the rice yield estimation based on MODIS GPP/NPP

由图 7.16 和图 7.17 可以看到,水稻像元纯度对基于 GPP/NPP 早稻与晚稻遥感估产结果有直接的影响。并且 2005 年和 2006 年早稻、晚稻估产结果误差变化规律几乎一致,水稻像元纯度越小,估产结果误差越大。由图 7.16 可知,当水稻像元纯度小于 20%时,基于 GPP 的水稻估产结果相对误差大于 80%;当水稻像元纯度大于 80%时,基于 GPP 的水稻估产结果相对误差小于 20%或 10%。由图 7.17 可知,当水稻像元纯度超过 60%,部分网格基于 NPP 的估产结果的相对误差出现负值,且随着所占比例的增大,负相对误差也变大。这说明基于 NPP 的估产结果相对统计值较小。与基于 NPP 估产结果相比,基于 GPP 的估产结果极少出现这样的情况(见图 7.16),这主要因为 GPP 比 NPP 要大,GPP 除了包括 NPP 之外,还包括作物维持与生长呼吸所消耗的能量。

7.3.4　基于像元水平 MODIS GPP/NPP 的县级水稻遥感估产结果分析

通过分析水稻像元纯度对估产精度的影响可知,水稻像元纯度提高能够显著改善估产精度。为此,本研究利用基于 GPP 的估产结果,通过选择水稻种植面积占网格面积超过 90%的地块,取平均值得到 2005 年和 2006 年早稻、晚稻单产,作为醴陵市水稻单产;再利用醴陵市统计面积数据,计算醴陵市 2005 年和 2006 年早稻、晚稻总产,然后与统计值进行误差分析,结果如表 7.10 所示。得到 2005 年和 2006 年早稻总产约为 20 万吨,晚稻总产约为 25 万吨。晚稻的相对误差较大,早稻的相对误差小于 5%。

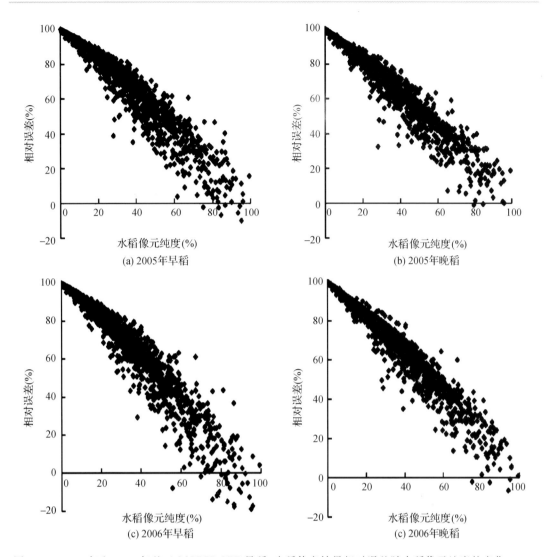

图 7.16　2005 年和 2006 年基于 MODIS GPP 早稻、晚稻估产结果相对误差随水稻像元纯度的变化

Fig. 7.16　Relative errors of early and late rice yield estimated from MODIS GPP with the rice pixels purity in the grid in 2005 and 2006

表 7.10　基于 MODIS GPP 估算的 2005 年和 2006 年醴陵市水稻单产、总产及相对误差

Table 7.10　Rice yield and production estimation using MODIS GPP and their relative errors in Liling city in 2005 and 2006

年份	稻作类型	估算单产(kg/ha)	估算总产(t)	相对误差(%)
2005	早稻	6198.15	195024.79	4.46
	晚稻	8672.25	272872.35	−10.14
2006	早稻	6405.75	201556.92	1.36
	晚稻	8184.75	257533.16	−8.22

　　形成误差主要有以下两个方面的原因:①MODIS GPP 产品的误差。虽然所用的是提高型 MODIS GPP 产品,但其计算需要用到 MOD12 土地覆盖产品及 MOD15 中的 APAR、

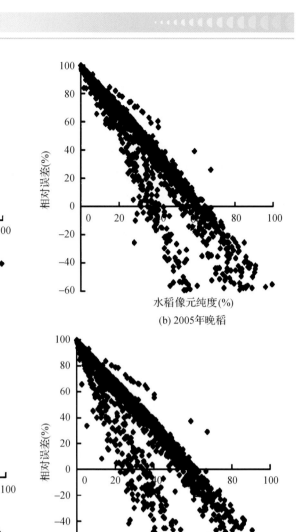

图 7.17　2005 年和 2006 年基于 MODIS NPP 早稻、晚稻估产结果相对误差随水稻像元纯度的变化

Fig. 7.17　Relative errors of early and late rice yield estimated from MODIS NPP with the rice pixels purity in the grid in 2005 and 2006

LAI 产品。对于像醴陵市地形比较复杂的地区而言，土地利用类型划分结果误差较大。②由于土地利用现状数据是 1∶1 万比例尺，用其来切割空间分辨率为 1km × 1km 的 MODIS GPP/NPP 产品，像元会重新采样，这对结果也有一定的影响。

7.4　本章小结

　　本章探讨利用 MODIS 数据进行水稻总产和单产预报的方法，建立相应的遥感预报模型，并进行精度检验。结果表明，在水稻遥感估产分区、面积信息提取的基础上，以各个县的水稻总产为因变量，以县级行政区域内的孕穗期、抽穗期、乳熟期水田总 EVI(AEVI) 为自变量，利用 2000—2007 年的水稻产量和 AEVI 建立拟合模型，通过误差分析，选择水稻总产最优遥感拟合模型。最后，用 2008 年的数据对预报模型进行检验，省级水稻总产预报结果与湖南省统计局提供的水稻总产相比，无论是早稻、晚稻还是单季稻，其相对误差都小于 5%。

国家统计局农村抽样调查总队农产量抽样调查所获得的海量地块产量数据是遥感建模和精度检验的宝贵资料。利用国家统计局湖南农村抽样调查总队农业处提供的 2006 年和 2007 年早稻、晚稻及单季稻地块空间位置信息和实割实测标准单产数据，本章探讨了以 2006 年抽样调查地块单产为因变量，各发育期抽样地块所在 3×3 像元范围内的 MOD13Q1 与 MYD13Q1 EVI 平均值为自变量，建立水稻单产遥感预报模型，再用 2007 年的数据进行精度检验，结果表明，在省级水平上，水稻单产遥感预报结果与统计局公布的单产相对误差小于 5%。

本章还探讨了利用 MODIS 8 天、年 GPP/NPP 产品进行水稻总产预报的可行性，结果表明，基于 MODIS GPP 的水稻遥感估产与统计值相比结果较好。选取醴陵市水稻种植面积占 1km×1km 网格面积大于 90% 的地块，取平均值估算醴陵市 2005 年和 2006 年早稻、晚稻单产，作为醴陵市单产估算结果，与统计值相比，晚稻的相对误差较大，约为 10%，早稻的相对误差小于 5%。

第8章 基于水稻遥感数值模拟模型的产量预报不确定性研究

目前遥感估产的一个主要发展方向是利用作物的生长模型机理性强和遥感数据空间全覆盖的优势,建立水稻遥感数值模拟模型进行单产预报,但是该方法依然存在来自遥感数据反演误差和生长模型在大区域应用所需的支持数据不确定性问题。本章的主要目的在于模拟水稻遥感数值模拟模型的主要相关参数和数据可能存在的误差情况,研究水稻遥感数值模拟模型的不确定性及其对产量预报的影响。

8.1 ORYZA2000 模型

本研究采用的水稻生长模型是国际水稻研究所开发的 ORYZA2000-V2.12,模型包括能模拟水稻在水肥平衡、水分限制和氮素限制条件下水稻生长的模块以及利用水稻田间试验结果计算生长模型参数和生长速率的 DRATES 和 PARAM 的程序模块,是 1990 年以来开发的系列 ORYZA1 的水稻生长模型的升级与集成。水肥平衡模块模拟水稻需要的水肥充足条件下的生长过程,此时水稻生长仅受水稻品种特性和气候条件(辐照度和温度)的限制;水分限制和氮素限制模块分别模拟水分和氮素不足条件下的水稻生长过程。模型运行需要的变量和参数近 200 个,模型中大部分的作物参数是根据大量的试验结果分析得出,具有普适性,只有 10% 左右的作物参数需要根据具体的试验结果进行调试,这些参数包括发育速率、干物质分配系数、比叶面积、叶片相对生长速率、叶片死亡速率、叶茎同化物转移系数和最大粒重等。模型输入数据和参数主要包括:生长管理数据、作物数据和气候数据。

(1)生长管理数据:主要包括水稻田间管理数据,如栽种方式(移栽或直播)、育秧方法(覆膜)、种植密度、水稻物候期信息等;水肥限制模拟时,需要灌溉数据、施肥数据和土壤数据。

(2)作物数据:包括水稻品种信息、水稻物候期发育速度参数、水稻干物质积累和分配参数、干物质维持和生长呼吸参数等。

(3)气候数据:包括气象站点信息(经纬度)和逐日气象数据(完全的气象数据应包括六项:辐照度、最低温度、最高温度、水汽压、平均风速和降雨量;最少包括三项:最低温度、最高温度和日照时数)。

ORYZA2000 模型程序输入文件的编写和模块运行都是在 FORTRAN Simulation Environment(FSE)系统下进行。在运行 ORYZA2000 前,需要在 FSE 上按固定格式编写系统运行所需的控制文件(CONTROL. DAT)、作物数据文件(IR64. J96)、气候数据文件(INDON43.996)、生产管理数据文件(IRRIGATE. E96)、再运行文件(RERUN. DAT)和输出文件(RES. DAT)等。通过再运行文件 RERUN. DAT 设定输入发生变化的参数,而其他不变化的参数无需再设定就可重新自动运行模型,得到新的结果,这个功能非常便于进行模型变量的敏感性和不确定性分析。

8.2　水稻遥感数值模拟模型的不确定性分析方法

敏感性和不确定性分析是水稻遥感数值模拟模型全局敏感性分析的两个有机组成部分。变量的敏感性分析是研究输入变量在其可能的变化范围内变化时对模型输出的变异性影响占模型输出总的变异性的比重,是说明输入变量对模型输出重要性的一个分析指标;模型的不确定性是多个输入变量变化时,模型输出的总的变异性,是对模型结果的变异程度的一个判断指标。

8.2.1　模型的全局敏感性分析方法

全局敏感性分析采用 Monte Carlo 模拟法。

设一个模型 M,有 K 个输入变量集 $S(X_1,X_2,\cdots,X_i)$,模型的一个输出集合为 Y,全局敏感性可以简单地概述为四个步骤。

(1)定义输入变量和输出变量可能变化的分布函数。

(2)随机产生输入变量的 N 个样本 $S_j(X_1,X_2,\cdots,X_i)$,样本随机采样方法采用 Sobol 采样法进行。$i=1,2,\cdots,K;j=1,2,\cdots,N$。

(3)代入模型中得到 N 个随机模拟结果 $Y(Y_1,Y_2,\cdots,Y_j)$,$j=1,2,\cdots,N$。

(4)分析输入变量 X_i 的变异性比重和模型输出 Y_i 总的变异性。

根据随机模拟结果可以将模型输出的总的方差分解为:

$$V(Y) = \sum_{i=1}^{K} V_i + \sum_{i}^{K} \sum_{l>i}^{K} V_{il} + \cdots + V_{ij\cdots K} \tag{8.1}$$

其中,$V(Y)$ 为模型输出 Y 的总方差,V_i 为输入变量 X_i 对 Y 的方差分量,V_{il} 为变量 X_i 和 X_j 的交互作用引起的方差。式(8.1)经模型总方差归一化处理后得到:

$$1 = \sum_{i=1}^{K} S_i + \sum_{i}^{K} \sum_{l>i}^{K} S_{il} + \cdots + S_{ij\cdots K} \tag{8.2}$$

用 Sobol 法可以计算出 S_i 和 ST_i,S_i 为 X_i 的一阶敏感性指数,ST_i 为 X_i 总的敏感性指数,计算公式为:

$$ST_i = S_i + S_{ij} + \cdots + S_{ij\cdots K} \qquad (i \neq j) \tag{8.3}$$

从式(8.1)~(8.3)可以看出,如果模型变量之间无交互作用,一阶敏感性指数总和为 1,此时变量对模型输出的影响是简单加性。当变量 X_i 的 S_i 越大对模型输出的影响越大,ST_i 和 S_i 的差异越大说明变量 X_i 和其他变量的交互作用越大,因此可以用 ST_i 和 S_i 的结果比较不同变量对模型的影响。如果 S_i 均很小,而 ST_i 都很大,则表明模型参数在模型定标时出现共线性问题,一般当敏感性指数等于 $1/N$ 左右时,就可以认为该变量的影响很显著。

模型不确定性可以用模型输出的最大值、最小值、平均数、标准差和变异系数,以及模型输出值和基准模拟值的 RMSE 等统计结果表示。

8.2.2　输入变量的不确定性和模拟采样

根据研究目的,设定了两种全局敏感性分析方案。

第一种是选择和遥感数据耦合变量关系密切的模型输入变量进行敏感性分析,这些变量包括气象数据、田间管理数据和作物特性数据。根据模型耦合不确定性分析和相关参考资料，确定各种变量的变异范围，其中气象数据包括日最高温度（TMAX）、日最低温度（TMIN）、日光照时数（DUHOUR）。根据 Schaal 和 Dale（1977）、BADC（2004）的研究结果，假定日最高温度 TMAX 和日最低温度 TMIN 数据误差范围为±1.2℃，DUHOUR 为±1.0 小时，使用杭州 2003 年日平均气象数据为基准值。田间管理数据为水稻播种期（EMD），变化范围为±5 天，播种期基准值为第 170 天。大气中二氧化碳浓度（CO_2），变化为±20ppm，大气浓度基准值为 340ppm。

作物特性变量包括：叶面积最大相对生长速率（RGRLMX）、叶面积最小相对生长速率（RGRLMN）、叶片的 PAR 反射系数（SCP）、单位重量叶片面积（SLATB）、叶片消光系数（KDFTB）、叶片 N 含量（NFLVTB）、地上叶片比重（FLVTB）、地上茎比重（FSTTB）、地上穗比重（FSOTB）、叶片衰亡系数（DRLVT）、最大叶片 N 含量（NMAXLT）、最小叶片 N 含量（NMINLT）。其变异范围是在 Abou-Ismail 等（2004）研究标定浙江余杭水稻主栽品种的数据为基准数据基础上，统一假定为±10％的误差。以上所有变量变化均服从均匀分布，Sobol 随机采样样本数为 9216，详细数据见表 8.1 和表 8.2。

表 8.1　模型输入变量基准值及其变化范围与分布

Table 8.1　Base line values，ranges and probability distributions of input variables in the model

输入因子	单位	基准值	变化范围		分布
			减幅	增幅	
RGRLMX	/	0.0085	−0.00085	0.00085	均匀
RGRLMN	/	0.004	−0.0004	0.0004	均匀
SCP	/	0.2	−0.02	0.02	均匀
CO_2	ppm	340	−20	20	均匀
EMD	d	170	−5	5	均匀
TMAX	℃	基准值的每日数据	−1.2	1.2	均匀
TMIN	℃	基准值的每日数据	−1.2	1.2	均匀
DUHOUR	h	基准值的每日数据	−1.0	1.0	均匀

表 8.2　不同发育期各输入变量的基准值

Table 8.2　Base line values of input variables at various development stages

发育期	0	0.16	0.33	0.65	0.79	2.1	2.5		
SLATB	0.0045	0.0045	0.033	0.0028	0.0024	0.0023	0.0023		
发育期	0	0.65	1	2.5					
KDFTB	0.4	0.4	0.6	0.6					
发育期	0	0.16	0.33	0.65	0.79	1	1.46	2.02	2.5
NFLVTB	0.54	0.54	1.53	1.22	1.56	1.29	1.37	0.83	0.83
发育期	0	0.05	0.75	1	1.2	2.5			
FLVTB	0.6	0.6	0.3	0	0	0			
发育期	0	0.05	0.75	1	1.2	2.5			
FSTTB	0.4	0.4	0.7	0.45	0	0			
发育期	0	0.05	0.75	1	1.2	2.5			
FSOTB	0	0	0	0.55	1	1			
发育期	0	0.6	1	1.6	2.1	2.5			
DRLVT	0	0	0.015	0.025	0.05	0.05			
发育期	0	0.4	0.75	1	2	2.5			
NMAXLT	0.053	0.053	0.04	0.028	0.022	0.015			
发育期	0	1	2.1	2.5					
NMINLT	0.025	0.012	0.007	0.007					

第二种敏感性分析方案是选择叶面积指数(LAI)和叶片氮素含量(NFLV)为耦合变量,研究遥感估算数据的不确定性对水稻遥感数值模拟模型模拟结果的影响。首先以基准数据进行模型模拟,获得水稻生长时期的 LAI 和 NFLV 模拟数据。假定获得 5 个时期(分别为当年第 208、228、248、268、288 天)的遥感数据,遥感数据估算 LAI 和 NFLV 的最大误差为 20%,均匀分布,用生长模型基准数据±20%误差作为各日期的 LAI 和 NFLV 遥感估算值进行模拟(见表 8.3)。Sobol 采样有三种组合:LAI、NFLV 单独耦合(LAI、NFLV)以及 LAI 和 NFLV 同时耦合(LAI＋NFLV),采样样本数分别为:3027、3027 和 5632,Sobol 采样数据最后以强迫法耦合 ORYZA2000,本方案旨在研究 LAI 和 NFLV 单独耦合及联合耦合对水稻遥感数值模拟模型模拟结果的影响。

表 8.3　耦合生长模型 ORYZA2000 的 LAI 和 NFLV 各时期基准值和误差范围

Table 8.3　Base line values, ranges of error of LAI and NFLV at different stages used for coupling with ORYZA2000

	基准值 LAI	基准值 NFLV	误差	分布
第 208 天	0.688	1.791	±20%	均匀
第 228 天	4.645	1.655	±20%	均匀
第 248 天	6.331	1.477	±20%	均匀
第 268 天	4.487	1.218	±20%	均匀
第 288 天	2.387	1.161	±20%	均匀

8.3　ORYZA2000 的敏感性和不确定性分析

本节首先分析 ORYZA2000 的 7 个主要输出变量水稻发育期(DVS)、叶片氮素含量(NFLV)、叶面积指数(LAI)、地上生物量(WAGT)、绿叶干重(WLVG)、叶干重(WLV)、籽粒干重(WSO)对 17 个输入变量叶面积最大相对生长速率(RGRLMX)、叶面积最小相对生长速率(RGRLMN)、叶片的 PAR 反射系数(SCP)、大气中二氧化碳浓度(CO_2)、播种期(EMD)、日最高温度(TMAX)、日最低温度(TMIN)、日照时间(DUHOUR)、单位重量叶片面积(SLATB)、叶片消光系数(KDFTB)、叶片 N 含量(NFLVTB)、地上叶片比重(FLVTB)、地上茎比重(FSTTB)、地上穗比重(FSOTB)、叶片衰亡系数(DRLVT)、最大叶片 N 含量(NMAXLT)、最小叶片 N 含量(NMINLT)的敏感性;再模拟输入变量在合理误差范围内计算输出变量的值,从 9216 次模拟数据统计结果中求出输出变量的最大值、最小值、平均数、标准差、变异系数、模型输出值和基准模拟值的 RMSE 等统计结果,分析水稻生长模型 ORYZA2000 输出的不确定性。

8.3.1　ORYZA2000 输出变量对输入变量的敏感性分析

通过计算不同时期(第 208 天、第 228 天、第 248 天、第 268 天、第 288 天和成熟期)水稻发育期、叶片氮素含量、叶面积指数、地上生物量、绿叶干重、叶干重、籽粒干重对输入变量 RGRLMX、RGRLMN、SCP、CO_2、EMD、TMAX、TMIN、DUHOUR、SLATB、KDFTB、NFLVTB、FLVTB、FSTTB、FSOTB、DRLVT、NMAXLT、NMINLT 的一阶敏感性指数和总敏感性指数,研究水稻生长模型输出变量、输入变量的敏感性。

8.3.1.1　发育期对输入变量的敏感性分析

如表 8.4 和表 8.5 所示,水稻成熟前,水稻发育期(DVS)的一阶敏感性指数和总敏感性指数前三位都是播种期(EMD)、日最高温度(TMAX)、日最低温度(TMIN)。EMD 最大值超过 0.90,说明模型输入参数播种期的变化对水稻生长发育的结果影响非常显著;另外温度数据的误差影响也很大,最高温度影响大于最低温度的影响;在成熟期,这三个变量的一阶敏感性指数变得很小,但是总敏感性指数则很大,分别为 0.909、0.804、0.978,说明在成熟期三个变量交互作用很显著;其他输入变量则对 DVS 的影响很小,可以忽略,第 268 天前的一阶敏感性指数的总和近似等于 1,而且和总敏感性指数的总和差异很小,说明水稻前期受各变量的影响是简单的加性效应,但是成熟期一阶敏感性指数和总敏感性指数的总和差异较大,说明水稻成熟期变量间的交互作用增大。

表 8.4　水稻发育期对不同时期输入变量的一阶敏感性指数

Table 8.4　The first order sensitivity indices of DVS for various input variables at different days of year

	第 208 天	第 228 天	第 248 天	第 268 天	第 288 天	成熟期
RGRLMX	0.000	0.000	0.000	0.000	0.000	0.000
RGRLMN	0.000	0.000	0.000	0.000	0.000	0.000
SCP	0.000	0.000	0.000	0.000	0.000	0.000
CO_2	0.000	0.000	0.000	0.000	0.000	0.000
EMD	0.920	0.836	0.689	0.686	0.514	0.016
TMAX	0.069	0.169	0.297	0.285	0.071	0.008
TMIN	0.000	0.003	0.010	0.027	0.064	0.000
DUHOUR	0.000	0.000	0.000	0.000	0.000	0.000
SLATB	0.000	0.000	0.000	0.000	0.000	0.000
KDFTB	0.000	0.000	0.000	0.000	0.000	0.000
NFLVTB	0.000	0.000	0.000	0.000	0.000	0.000
FLVTB	0.000	0.000	0.000	0.000	0.000	0.000
FSTTB	0.000	0.000	0.000	0.000	0.000	0.000
FSOTB	0.000	0.000	0.000	0.000	0.000	0.000
DRLVT	0.000	0.000	0.000	0.000	0.000	0.000
NMAXLT	0.000	0.000	0.000	0.000	0.000	0.000
NMINLT	0.000	0.000	0.000	0.000	0.000	0.000
总和	0.989	1.008	0.996	0.998	0.649	0.024

表 8.5　水稻发育期对不同时期输入变量的总敏感性指数

Table 8.5　The total sensitivity indices of DVS for various input variables at different days of year

	第 208 天	第 228 天	第 248 天	第 268 天	第 288 天	成熟期
RGRLMX	0.000	0.000	0.000	0.000	0.000	0.000
RGRLMN	0.000	0.000	0.000	0.000	0.000	0.000
SCP	0.000	0.000	0.000	0.000	0.000	0.000
CO_2	0.000	0.000	0.000	0.000	0.000	0.000
EMD	0.950	0.834	0.704	0.690	0.914	0.909
TMAX	0.068	0.166	0.292	0.284	0.540	0.804
TMIN	0.010	0.011	0.015	0.035	0.367	0.978
DUHOUR	0.000	0.000	0.000	0.000	0.000	0.000
SLATB	0.000	0.000	0.000	0.000	0.000	0.000
KDFTB	0.000	0.000	0.000	0.000	0.000	0.000
NFLVTB	0.000	0.000	0.000	0.000	0.000	0.000
FLVTB	0.000	0.000	0.000	0.000	0.000	0.000
FSTTB	0.000	0.000	0.000	0.000	0.000	0.000
FSOTB	0.000	0.000	0.000	0.000	0.000	0.000
DRLVT	0.000	0.000	0.000	0.000	0.000	0.000
NMAXLT	0.000	0.000	0.000	0.000	0.000	0.000
NMINLT	0.000	0.000	0.000	0.000	0.000	0.000
总和	1.028	1.011	1.011	1.009	1.821	2.691

8.3.1.2　叶片氮素含量对输入变量的敏感性分析

叶片氮素含量(NFLV)对不同时期输入变量的一阶敏感性指数和总敏感性指数如表 8.6 和表 8.7 所示,在整个生长期内,无论是一阶敏感性指数还是总敏感性指数,最大叶片 N 含量(NMAXLT)的影响最大,其次是单位重量叶片面积(SLATB)和播种期(EMD),其他变量影响很小。NMAXLT 的一阶敏感性指数最大值为 0.540,最小值为 0.410;总敏感性指数最大值为 0.547,最小值为 0.420。SLATB 的一阶敏感性指数最大值为 0.426,最小值为 0.339;总敏感性指数最大值为 0.449,最小值为 0.357。

表 8.6　叶片氮素含量对不同时期输入变量的一阶敏感性指数

Table 8.6　The first order sensitivity indices of NFLV for various input variables at different days of year

	第 208 天	第 228 天	第 248 天	第 268 天	第 288 天	成熟期
RGRLMX	0.000	0.000	0.000	0.000	0.000	0.000
RGRLMN	0.000	0.000	0.000	0.000	0.000	0.000
SCP	0.000	0.000	0.000	0.000	0.000	0.000
CO_2	0.000	0.000	0.000	0.000	0.000	0.000
EMD	0.030	0.008	0.144	0.005	0.028	0.000
TMAX	0.012	0.000	0.043	0.002	0.000	0.000
TMIN	0.001	0.000	0.000	0.000	0.000	0.000
DUHOUR	0.000	0.000	0.000	0.000	0.000	0.000
SLATB	0.402	0.414	0.339	0.424	0.390	0.426
KDFTB	0.000	0.000	0.000	0.000	0.000	0.000
NFLVTB	0.000	0.000	0.000	0.000	0.000	0.000
FLVTB	0.000	0.000	0.000	0.000	0.000	0.000
FSTTB	0.000	0.000	0.000	0.000	0.000	0.000
FSOTB	0.000	0.000	0.000	0.000	0.000	0.000
DRLVT	0.000	0.000	0.000	0.000	0.000	0.000
NMAXLT	0.531	0.528	0.410	0.530	0.476	0.540
NMINLT	0.000	0.000	0.000	0.000	0.000	0.000
总和	0.976	0.950	0.936	0.961	0.894	0.966

表 8.7　叶片氮素含量对不同时期输入变量的总敏感性指数

Table 8.7　The total sensitivity indices of NFLV for various input variables at different days of year

	第 208 天	第 228 天	第 248 天	第 268 天	第 288 天	成熟期
RGRLMX	0.025	0.000	0.000	0.000	0.000	0.000
RGRLMN	0.025	0.000	0.000	0.000	0.000	0.000
SCP	0.025	0.000	0.000	0.000	0.000	0.000
CO_2	0.025	0.000	0.000	0.000	0.000	0.000
EMD	0.025	0.015	0.155	0.005	0.128	0.000
TMAX	0.025	0.000	0.042	0.002	0.075	0.000
TMIN	0.025	0.001	0.005	0.000	0.091	0.000
DUHOUR	0.025	0.000	0.000	0.000	0.000	0.000
SLATB	0.431	0.412	0.357	0.432	0.371	0.449
KDFTB	0.000	0.000	0.000	0.000	0.000	0.000
NFLVTB	0.000	0.000	0.000	0.000	0.000	0.000
FLVTB	0.000	0.000	0.000	0.000	0.000	0.000
FSTTB	0.000	0.000	0.000	0.000	0.000	0.000
FSOTB	0.000	0.000	0.000	0.000	0.000	0.000
DRLVT	0.000	0.000	0.000	0.000	0.000	0.000
NMAXLT	0.529	0.526	0.420	0.540	0.473	0.547
NMINLT	0.000	0.000	0.000	0.000	0.000	0.000
总和	1.160	0.954	0.979	0.979	1.138	0.996

8.3.1.3　叶面积指数对输入变量的敏感性分析

输入变量误差对 LAI 的影响因生长期不同(见表 8.8 和表 8.9),在移栽后 20 天(第 208 天)左右,播种期(EMD)的一阶敏感性指数和总敏感性指数最高,其次为叶面积最大相对生长速率(RGRLMX),其他变量敏感性指数都很小。移栽后 40 天(第 228 天)左右,播种期(EMD)的一阶敏感性指数和总敏感性指数还是最高,其次为单位重量叶片面积(SLATB),第三位是地上叶片比重(FLVTB),叶面积最大相对生长速率(RGRLMX)、日照时间(DUHOUR)的敏感性指数也较大,其他变量的敏感性指数较小。在移栽后 60 天(第 248 天)左右,叶片生长达最大并且趋于稳定,此时影响 LAI 的变量敏感性指数最高的变成单位重量叶片面积(SLATB),第二位是地上叶片比重(FLVTB),第三位是日照时间(DUHOUR),叶面积最大相对生长速率(RGRLMX)的敏感性指数在 0.10 左右影响,此时播种期的敏感性指数很小。水稻在移栽后 80 天(第 268 天)左右,单位重量叶片面积(SLATB)变量敏感性指数最高,第二位是地上叶片比重(FLVTB),第三位则为日最高温度(TMAX)。值得注意的是此期开始,叶片衰亡系数(DRLVT)的影响开始显现,此后其敏感性指数不断增加。水稻在移栽后 100 天(第 288 天)左右,单位重量叶片面积(SLATB)的敏感性指数最高,第二位是地上叶片比重(FLVTB),第三位则为日最高温度(TMAX)。水稻成熟后,播种期(EMD)的敏感性指数又变为最高,其次分别为单位重量叶片面积(SLATB)和地上叶片比重(FLVTB),而叶片衰亡系(DRLVT)变量的敏感性指数超过 0.13,它们都显著影响最后水稻的 LAI 输出结果。

表 8.8　叶面积指数对不同时期输入变量的一阶敏感性指数

Table 8.8　The first order sensitivity indices of LAI for various input variables at different days of year

	第 208 天	第 228 天	第 248 天	第 268 天	第 288 天	成熟期
RGRLMX	0.121	0.104	0.098	0.077	0.053	0.059
RGRLMN	0.000	0.000	0.000	0.000	0.000	0.000
SCP	0.000	0.000	0.000	0.000	0.000	0.000
CO_2	0.003	0.008	0.019	0.016	0.009	0.010
EMD	0.756	0.515	0.043	0.033	0.162	0.265
TMAX	0.026	0.009	0.011	0.116	0.189	0.015
TMIN	0.002	0.005	0.021	0.032	0.040	0.013
DUHOUR	0.001	0.063	0.114	0.093	0.056	0.077
SLATB	0.019	0.147	0.343	0.309	0.202	0.234
KDFTB	0.003	0.033	0.048	0.038	0.023	0.029
NFLVTB	0.000	0.000	0.000	0.000	0.000	0.000
FLVTB	0.002	0.125	0.300	0.263	0.184	0.176
FSTTB	0.000	0.000	0.000	0.000	0.000	0.000
FSOTB	0.000	0.000	0.000	0.000	0.000	0.000
DRLVT	0.000	0.000	0.001	0.016	0.067	0.136
NMAXLT	0.000	0.006	0.015	0.011	0.006	0.011
NMINLT	0.000	0.000	0.000	0.000	0.000	0.000
总和	0.933	1.015	1.013	1.004	0.991	1.025

表 8.9　叶面积指数对不同时期输入变量的总敏感性指数

Table 8.9　The total sensitivity indices of LAI for various input variables at different days of year

	第 208 天	第 228 天	第 248 天	第 268 天	第 288 天	成熟期
RGRLMX	0.197	0.112	0.107	0.088	0.061	0.064
RGRLMN	0.000	0.000	0.000	0.000	0.000	0.000
SCP	0.000	0.000	0.000	0.000	0.000	0.000
CO_2	0.006	0.008	0.017	0.014	0.009	0.013
EMD	0.853	0.537	0.058	0.035	0.170	0.279
TMAX	0.049	0.025	0.022	0.116	0.188	0.018
TMIN	0.009	0.004	0.013	0.024	0.063	0.016
DUHOUR	0.000	0.062	0.114	0.092	0.055	0.079
SLATB	0.034	0.158	0.346	0.314	0.219	0.237
KDFTB	0.013	0.034	0.048	0.039	0.027	0.031
NFLVTB	0.000	0.000	0.000	0.000	0.000	0.000
FLVTB	0.000	0.129	0.300	0.269	0.176	0.189
FSTTB	0.000	0.000	0.000	0.000	0.000	0.000
FSOTB	0.000	0.000	0.000	0.000	0.000	0.000
DRLVT	0.000	0.000	0.000	0.015	0.064	0.137
NMAXLT	0.002	0.006	0.017	0.012	0.006	0.011
NMINLT	0.000	0.000	0.000	0.000	0.000	0.000
总和	1.163	1.075	1.042	1.018	1.038	1.074

从上述 LAI 的分析结果可以看出,敏感性指数可以反映各时期影响叶片生长的变量的变化情况,水稻特性变量单位重量叶片面积(SLATB)、地上叶片比重(FLVTB)和叶面积最大相对生长速率(RGRLMX)一直保持较高的敏感性,因为在模型中它们是和叶片干物质积累和分配相关的参数;前期叶片指数生长主要是受水稻特性变量和发育期早晚的影响,播种期早晚不同的水稻 LAI 差异肯定较大,因此 EMD 的敏感性指数很高;到水稻叶片面积较大后,彼此遮阴,光照变量影响增加,此时各播种期的水稻叶片生长量都达最高水平而且还未开始大量衰亡,因此播种期对 LAI 的影响很小。

8.3.1.4　地上生物量对输入变量的敏感性分析

在水稻成熟前,地上生物量(WAGT)对播种期(EMD)的敏感性指数都比较高,但随水稻生长发育逐步降低,一阶敏感性指数从第 208 天的 0.826 到第 288 天的 0.220,成熟期则只有 0.002,总敏感性指数则从第 208 天的 0.867 到第 288 天的 0.353,成熟期则只有 0.012。日照时间(DUHOUR)的敏感性指数则相反一直不断增加,最后阶段是敏感性最高的变量(成熟期一阶敏感性指数和总敏感性指数分别为 0.404 和 0.406)。FLVTB敏感性指数则随生育期不断提高,最后成熟期达 0.154 和 0.157,其误差对最后生物干重结果影响很大。最大叶片 N 含量(NMAXLT)和大气中二氧化碳浓度(CO_2)的敏感性指数后期也较高,其误差对后期水稻生物量积累的影响不容忽视(见表 8.10和表 8.11)。

表 8.10　地上生物量对不同时期输入变量的一阶敏感性指数

Table 8.10　The first order sensitivity indices of WAGT for various input variables at different days of year

	第 208 天	第 228 天	第 248 天	第 268 天	第 288 天	成熟期
RGRLMX	0.091	0.092	0.066	0.053	0.050	0.069
RGRLMN	0.000	0.000	0.000	0.000	0.000	0.000
SCP	0.000	0.000	0.000	0.001	0.000	0.000
CO_2	0.005	0.008	0.026	0.040	0.049	0.069
EMD	0.826	0.743	0.570	0.402	0.220	0.002
TMAX	0.019	0.042	0.065	0.060	0.019	0.007
TMIN	0.000	0.002	0.009	0.017	0.017	0.083
DUHOUR	0.011	0.068	0.148	0.233	0.313	0.404
SLATB	0.004	0.018	0.026	0.026	0.026	0.051
KDFTB	0.019	0.031	0.047	0.046	0.043	0.069
NFLVTB	0.000	0.000	0.000	0.000	0.000	0.000
FLVTB	0.003	0.023	0.052	0.063	0.097	0.154
FSTTB	0.000	0.000	0.000	0.000	0.000	0.000
FSOTB	0.000	0.000	0.000	0.000	0.000	0.000
DRLVT	0.000	0.000	0.000	0.000	0.000	0.001
NMAXLT	0.002	0.007	0.029	0.052	0.056	0.084
NMINLT	0.000	0.000	0.000	0.000	0.000	0.000
总和	0.980	1.034	1.038	0.993	0.890	0.993

表 8.11　地上生物量对不同时期输入变量的总敏感性指数

Table 8.11　The total sensitivity indices of WAGT for various input variables at different days of year

	第 208 天	第 228 天	第 248 天	第 268 天	第 288 天	成熟期
RGRLMX	0.121	0.095	0.067	0.054	0.046	0.070
RGRLMN	0.000	0.000	0.000	0.000	0.000	0.000
SCP	0.000	0.000	0.000	0.001	0.001	0.001
CO_2	0.009	0.009	0.026	0.045	0.047	0.069
EMD	0.867	0.750	0.572	0.405	0.353	0.012
TMAX	0.032	0.046	0.066	0.060	0.171	0.010
TMIN	0.009	0.005	0.010	0.019	0.150	0.084
DUHOUR	0.006	0.065	0.145	0.272	0.314	0.406
SLATB	0.004	0.022	0.029	0.030	0.036	0.058
KDFTB	0.026	0.032	0.046	0.045	0.048	0.071
NFLVTB	0.000	0.000	0.000	0.000	0.000	0.000
FLVTB	0.000	0.023	0.052	0.075	0.092	0.157
FSTTB	0.000	0.000	0.000	0.000	0.000	0.000
FSOTB	0.000	0.000	0.000	0.000	0.000	0.000
DRLVT	0.000	0.000	0.000	0.001	0.000	0.002
NMAXLT	0.004	0.007	0.029	0.052	0.056	0.084
NMINLT	0.000	0.000	0.000	0.000	0.000	0.000
总和	1.078	1.054	1.042	1.059	1.314	1.024

8.3.1.5 绿叶干重对输入变量的敏感性分析

绿叶干重（WLVG）对不同时期输入变量的一阶敏感性指数和总敏感性指数如表 8.12 和表 8.13 所示，绿叶干重对于水稻播种期（EMD）在移栽后 20 天（第 208 天）左右的敏感性是最高的，到叶片停止生长前后，EMD 敏感性指数则很小。地上叶片比重（FLVTB）的敏感性指数则在叶片停止生长前后敏感性最高；叶片衰亡系数（DRLVT）的敏感性指数在叶片停止生长后就开始不断增加，总敏性指数最后达到 0.166。

表 8.12 绿叶干重对不同时期输入变量的一阶敏感性指数

Table 8.12 The first order sensitivity indices of WLVG for various input variables at different days of year

	第 208 天	第 228 天	第 248 天	第 268 天	第 288 天	成熟期
RGRLMX	0.087	0.107	0.139	0.115	0.071	0.073
RGRLMN	0.000	0.000	0.000	0.000	0.000	0.000
SCP	0.000	0.000	0.000	0.000	0.000	0.000
CO_2	0.005	0.009	0.029	0.025	0.014	0.013
EMD	0.796	0.633	0.080	0.018	0.161	0.336
TMAX	0.018	0.025	0.016	0.131	0.214	0.012
TMIN	0.000	0.003	0.025	0.038	0.045	0.011
DUHOUR	0.011	0.067	0.166	0.143	0.079	0.098
SLATB	0.003	0.018	0.036	0.032	0.017	0.026
KDFTB	0.018	0.034	0.069	0.058	0.032	0.037
NFLVTB	0.000	0.000	0.000	0.000	0.000	0.000
FLVTB	0.043	0.130	0.432	0.403	0.251	0.234
FSTTB	0.000	0.000	0.000	0.000	0.000	0.000
FSOTB	0.000	0.000	0.000	0.000	0.000	0.000
DRLVT	0.000	0.000	0.001	0.023	0.087	0.161
NMAXLT	0.002	0.007	0.023	0.018	0.009	0.015
NMINLT	0.000	0.000	0.000	0.000	0.000	0.000
总和	0.983	1.033	1.016	1.004	0.980	1.016

表 8.13 绿叶干重对不同时期输入变量的总敏感性指数

Table 8.13 The total sensitivity indices of WLVG for various input variables at different days of year

	第 208 天	第 228 天	第 248 天	第 268 天	第 288 天	成熟期
RGRLMX	0.120	0.113	0.147	0.124	0.078	0.077
RGRLMN	0.000	0.000	0.000	0.000	0.000	0.000
SCP	0.000	0.000	0.000	0.000	0.000	0.000
CO_2	0.009	0.009	0.027	0.024	0.013	0.015
EMD	0.840	0.647	0.106	0.031	0.177	0.348
TMAX	0.034	0.033	0.034	0.136	0.220	0.014
TMIN	0.008	0.005	0.022	0.039	0.083	0.025
DUHOUR	0.007	0.066	0.168	0.144	0.079	0.097
SLATB	0.006	0.022	0.040	0.036	0.025	0.026
KDFTB	0.026	0.036	0.069	0.059	0.035	0.039
NFLVTB	0.000	0.000	0.000	0.000	0.000	0.000
FLVTB	0.037	0.135	0.433	0.409	0.243	0.231
FSTTB	0.000	0.000	0.000	0.000	0.000	0.000
FSOTB	0.000	0.000	0.000	0.000	0.000	0.000
DRLVT	0.000	0.000	0.000	0.025	0.084	0.166
NMAXLT	0.005	0.008	0.025	0.020	0.009	0.016
NMINLT	0.000	0.000	0.000	0.000	0.000	0.000
总和	1.092	1.074	1.071	1.047	1.046	1.054

8.3.1.6 叶干重对输入变量的敏感性分析

叶干重(WLV)对于水稻播种期(EMD)的敏感性指数在生长前期较高,但在叶片生长停止后下降并保持稳定,这是因为此后叶片总干重不再变化,EMD 对其的影响就到停止生长为止。其他输入变量的影响较小(见表 8.14 和表 8.15)。

表 8.14　叶干重对不同时期输入变量的一阶敏感性指数

Table 8.14　The first order sensitivity indices of WLV for various input variables at different days of year

	第 208 天	第 228 天	第 248 天	第 268 天	第 288 天	成熟期
RGRLMX	0.087	0.105	0.128	0.131	0.131	0.131
RGRLMN	0.000	0.000	0.000	0.000	0.000	0.000
SCP	0.000	0.000	0.000	0.000	0.000	0.000
CO_2	0.005	0.009	0.026	0.030	0.030	0.030
EMD	0.796	0.639	0.203	0.094	0.094	0.094
TMAX	0.018	0.026	0.002	0.016	0.016	0.016
TMIN	0.000	0.003	0.017	0.024	0.024	0.024
DUHOUR	0.011	0.066	0.152	0.167	0.167	0.167
SLATB	0.003	0.017	0.034	0.035	0.035	0.035
KDFTB	0.018	0.034	0.063	0.068	0.068	0.068
NFLVTB	0.000	0.000	0.000	0.000	0.000	0.000
FLVTB	0.043	0.128	0.380	0.412	0.412	0.412
FSTTB	0.000	0.000	0.000	0.000	0.000	0.000
FSOTB	0.000	0.000	0.000	0.000	0.000	0.000
DRLVT	0.000	0.000	0.000	0.000	0.000	0.000
NMAXLT	0.002	0.007	0.022	0.024	0.024	0.024
NMINLT	0.000	0.000	0.000	0.000	0.000	0.000
总和	0.983	1.034	1.027	1.001	1.001	1.001

表 8.15　叶干重对不同时期输入变量的总敏感性指数

Table 8.15　The total sensitivity indices of WLV for various input variables at different days of year

	第 208 天	第 228 天	第 248 天	第 268 天	第 288 天	成熟期
RGRLMX	0.120	0.111	0.135	0.142	0.142	0.142
RGRLMN	0.000	0.000	0.000	0.000	0.000	0.000
SCP	0.000	0.000	0.000	0.000	0.000	0.000
CO_2	0.009	0.009	0.025	0.034	0.034	0.034
EMD	0.840	0.652	0.221	0.109	0.109	0.109
TMAX	0.034	0.034	0.015	0.024	0.024	0.024
TMIN	0.008	0.005	0.016	0.023	0.023	0.023
DUHOUR	0.007	0.065	0.153	0.168	0.168	0.168
SLATB	0.006	0.021	0.037	0.040	0.040	0.040
KDFTB	0.026	0.035	0.063	0.067	0.067	0.067
NFLVTB	0.000	0.000	0.000	0.000	0.000	0.000
FLVTB	0.037	0.132	0.383	0.433	0.433	0.433
FSTTB	0.000	0.000	0.000	0.000	0.000	0.000
FSOTB	0.000	0.000	0.000	0.000	0.000	0.000
DRLVT	0.000	0.000	0.000	0.000	0.000	0.000
NMAXLT	0.005	0.008	0.023	0.025	0.025	0.025
NMINLT	0.000	0.000	0.000	0.000	0.000	0.000
总和	1.092	1.072	1.071	1.065	1.065	1.065

8.3.1.7 籽粒干重对输入变量的敏感性分析

对模拟的水稻籽粒干重（WSO），水稻生殖生长前无 WSO 数据，所以无敏感性指数分析结果。进入生殖生长后，WSO 对播种期（EMD）的敏感性指数在生殖生长前期最高，而后逐步降低。日照时间（DUHOUR）的敏感性指数则一直不断增加，到成熟期达最大值，一阶敏感性指数和总敏感性指数分别达到 0.306 和 0.348。地上叶片比重（FLVTB）的敏感性指数也不断增加，到成熟期一阶敏感性指数为 0.138。成熟期日最低温度（TMIN）的一阶敏感指数和总敏感指数分别达到 0.108 和 0.110，这是因为 10 月底 11 月初日均气温可能出现连续的较低温度，成为产量的一个限制因子。另外，在水稻成熟期，一阶敏感性指数和总敏感性指数差异变大，说明变量间的交互作用增加，特别是 EMD 和其他变量的交互作用值得注意（见表 8.16 和表 8.17）。

表 8.16　籽粒干重对不同时期输入变量的一阶敏感性指数

Table 8.16　The first order sensitivity indices of WSO for various input variables at different days of year

	第 248 天	第 268 天	第 288 天	成熟期
RGRLMX	0.001	0.001	0.007	0.021
RGRLMN	0.000	0.000	0.000	0.000
SCP	0.000	0.000	0.001	0.000
CO_2	0.001	0.008	0.034	0.053
EMD	0.708	0.603	0.321	0.151
TMAX	0.264	0.292	0.116	0.005
TMIN	0.005	0.003	0.001	0.108
DUHOUR	0.007	0.076	0.283	0.306
SLATB	0.000	0.001	0.013	0.044
KDFTB	0.000	0.002	0.016	0.040
NFLVTB	0.000	0.000	0.000	0.000
FLVTB	0.001	0.006	0.056	0.138
FSTTB	0.015	0.015	0.008	0.013
FSOTB	0.000	0.000	0.000	0.000
DRLVT	0.000	0.000	0.000	0.006
NMAXLT	0.003	0.018	0.054	0.089
NMINLT	0.000	0.000	0.000	0.000
总和	1.005	1.025	0.910	0.974

综合各时期变量的敏感性指数分析发现，输入变量误差在不同生长期对不同的输出变量影响不同：①当水稻播种期误差为±5 天时，对模型输出结果影响最大。在长期的水稻生产实践中，对于晚稻种植一般都有"抢种不误农时"的说法，就是生产实践中播种期对产量有显著影响的一种规律性认识。因此，获得准确的水稻生长发育期数据，显著减少模型模拟结果的不确定性，是利用水稻遥感数值模拟模型进行水稻产量预报的一个重点研究内容。②成熟期的温度和日照时数的误差对产量影响较大，提高气候数据的区域性插值精度也是一个有待研究的重点。③水稻品种特性变量中，地上叶片比重（FLVTB）的随机误差为±10% 时，对除了水稻发育期（DVS）和叶片氮素含量（NFLV）以外的所有关于叶片和籽粒

表 8.17　籽粒干重对不同时期输入变量的总敏感性指数

Table 8.17　The first order sensitivity indices of WSO for various input variables at different days of year

	第 248 天	第 268 天	第 288 天	成熟期
RGRLMX	0.001	0.000	0.005	0.029
RGRLMN	0.000	0.000	0.000	0.000
SCP	0.000	0.000	0.000	0.001
CO_2	0.002	0.010	0.035	0.069
EMD	0.739	0.616	0.443	0.228
TMAX	0.295	0.298	0.262	0.008
TMIN	0.011	0.007	0.117	0.110
DUHOUR	0.003	0.072	0.282	0.348
SLATB	0.001	0.004	0.020	0.048
KDFTB	0.001	0.001	0.019	0.045
NFLVTB	0.000	0.000	0.000	0.000
FLVTB	0.000	0.005	0.052	0.140
FSTTB	0.020	0.017	0.012	0.018
FSOTB	0.000	0.000	0.000	0.000
DRLVT	0.000	0.000	0.000	0.007
NMAXLT	0.006	0.019	0.054	0.110
NMINLT	0.000	0.000	0.000	0.000
总和	1.079	1.049	1.301	1.161

生物量的输出结果都有较大的影响,因此利用水稻遥感数值模拟模型进行产量预报时,应该把作物数据获取的重点放在种植区水稻地上叶片比重(FLVTB),保证数据的准确性,其他水稻品种特性变量误差也会影响结果但没有 FLVTB 的影响大。

8.3.2　ORYZA2000 输出变量的不确定性

表 8.18 给出 17 个输入变量存在随机误差的情况下,ORYZA2000 模型 7 个输出变量(DVS、NFLV、LAI、WAGT 、WLVG、WLV、WSO)9216 次模拟数据的统计结果。可以看出,水稻发育期(DVS)的平均值,从第 208 天的 0.3871 逐步增加,到成熟期达到 2.0084;但是,其变异系数从第 208 天的 10.22% 逐步降低,到成熟期降到 0.2492%。叶片氮素含量(NFLV)的平均值,从第 208 天的 1.7865 逐步降低,到成熟期降到 1.14;但是,其变异系数则在第 248 天达到最高,为 12.976%,到成熟期降到 7.2659%。平均叶面积指数(LAI)的平均值最大出现在第 248 天,为 6.2254,成熟期仅为 1.3693;其变异系数则在第 208 天最大,达到 51.789%,第 248 天最小,为 17.512%。地上生物量(WAGT)的平均值从第 208 天到成熟期逐步增加,从 578.17 增加到 16126;而变异系数则相反,从 36.107% 下降到 8.5344%。绿叶干重(WLVG)的平均值从第 208 天逐步增加,第 248 天达到最大,为 2735.3,然后又逐步下降,成熟期只有 720.83;变异系数则是第 208 天最大,为 37.033%,第 248 天最小,只有 14.618%。叶干重(WLV)的平均值也是逐步增加,从第 208 天 347.41 增加到成熟期的 3176;变异系数则从第 208 天的 37.033% 下降到成熟期的 14.43%。籽粒干重(WSO)的平均值从第 248 天的 418.22 增加到成熟期的 8483.9,达到最大;其变异系数则从第 248 天的 62.588% 下降到成熟期的 9.4575%。总体上看,在整个水稻生长期内,发育期 DVS 的变异系数最小,叶片氮素含量 NFLV 的变异性次之而且比较稳定。

表 8.18 不同时期模型输出结果的不确定性

Table 8.18 Uncertainty of model outputs at different days of year

输出	统计值	第 208 天	第 228 天	第 248 天	第 268 天	第 288 天	成熟期
DVS	max	0.4689	0.7250	1.0059	1.6139	2.0287	2.0287
	min	0.2975	0.5306	0.7788	1.0826	1.5783	2
	mean	0.3871	0.6313	0.8979	1.3576	1.8418	2.0084
	std.	0.0396	0.0415	0.0463	0.1064	0.0995	0.0050
	C. V(%)	10.22	6.5793	5.1569	7.8398	5.4016	0.2492
NFLV	max	2.3519	2.2036	2.1028	1.6102	1.5359	1.4896
	min	1.3154	1.2468	0.9915	0.9183	0.8789	0.8775
	mean	1.7865	1.6614	1.4847	1.2259	1.1688	1.14
	std.	0.2084	0.1932	0.1927	0.1418	0.1350	0.0828
	C. V(%)	11.667	11.631	12.976	11.564	11.549	7.2659
LAI	max	2.9983	9.2155	10.066	7.7096	4.4883	2.8609
	min	0.2687	1.8016	3.3402	2.3418	1.1869	0.71412
	mean	0.7935	4.6048	6.2254	4.4649	2.3982	1.3693
	std.	0.4110	1.3372	1.0902	0.81902	0.52811	0.30227
	C. V(%)	51.789	29.04	17.512	18.343	22.021	22.074
WAGT	max	1564.4	5829.3	10953	14781	18555	19785
	min	268.6	1214.8	4539	7592.3	9909	11143
	mean	578.17	2987.1	7685.3	11234	14284	16126
	std.	208.76	872.69	1133.5	1224.1	1442.5	1376.3
	C. V(%)	36.107	29.215	14.748	10.896	10.099	8.5344
WLVG	max	1019.2	3368	4061.3	3273.2	2049.4	1423
	min	149.21	673.08	1673.4	1249.6	684.36	423.97
	mean	347.41	1695.6	2735.3	2085.4	1204.7	720.83
	std.	128.66	482.22	399.83	313.25	226.21	128.47
	C. V(%)	37.033	28.44	14.618	15.021	18.777	17.822
WLV	max	1019.2	3419.1	4458.5	4639.8	4639.8	4639.8
	min	149.21	673.08	1805.8	1940.4	1940.4	1940.4
	mean	347.41	1701.6	3049	3175	3176	3176
	std.	128.66	488.62	474.38	458.53	458.29	458.29
	C. V(%)	37.033	28.715	15.558	14.442	14.43	14.43
WSO	max	0	0	1257.8	5534.4	9306.2	10621
	min	0	0	13.876	1534.3	4498	5797.5
	mean	0	0	418.22	3424.3	6767.1	8483.9
	std.	0	0	261.75	778.83	811.38	800.87
	C. V(%)	0	0	62.588	22.744	11.99	9.4575

表 8.19 是各输出变量 9216 次的模拟结果和基准模拟结果的相对 RMSE 结果,相对 RMSE 同样表现为前期相对较大后期较小的变化趋势。成熟期 DVS 相对于基准值变化为 ±0.29%,NFLV 相对于基准值变化为 ±11.63%,LAI 相对于基准值变化为 ±22.35%, WAGT 相对于基准值变化为 ±9.09%,WLVG 相对于基准值变化为 ±19.90%,WLV 相对于基准值变化为 ±14.35%,WSO 相对于基准值变化为 ±10.45%。上述结果表明在

ORYZA2000模型的输入变量存在误差时，将导致模型的最终生物量、LAI、籽粒重和叶片氮含量等模拟输出结果带有不确定性，其中和叶片状态相关的输出变量的不确定性最大，LAI指数的不确定性最大变幅超过20%，最终籽粒产量不确定性相对较小也超过10%。因此，提高叶面积指数的反演精度，对提高水稻遥感数值模拟模型的产量预报精度、降低结果的不确定性贡献最大。

表 8.19　模型模拟输出和基准模拟输出的相对 RMSE(%)

Table 8.19　Relative RMSE of various outputs(%)

	DVS	NFLV	LAI	WAGT	WLVG	WLV	WSO
第 208 天	10.25	11.64	61.63	39.98	41.06	41.06	
第 228 天	6.59	11.78	28.80	29.46	28.36	28.71	
第 248 天	5.16	13.06	17.30	14.62	14.47	15.40	70.77
第 268 天	7.82	11.66	18.26	10.83	14.92	14.35	22.49
第 288 天	6.97	12.45	22.55	10.97	19.27	14.35	12.69
成熟期	0.29	11.63	22.35	9.09	19.90	14.35	10.45

8.4　ORYZA2000 耦合遥感估算的 LAI 和 NFLV 数据的敏感性和不确定性分析

叶面积指数(LAI)和叶片氮素含量(NFLV)是目前应用遥感技术进行估算的两个重要参数，本节将模拟当这两个参数反演误差为 20% 时，采用 LAI、NFLV 或 LAI+NFLV 三种方式与 ORYZA2000 模型进行耦合模拟，分析耦合数据不确定性对模拟结果的影响。

8.4.1　输出变量 WSO 和 WAGT 对 ORYZA2000 单独耦合遥感估算的 LAI 和 NFLV 的敏感性分析

表 8.20 是 LAI 单独耦合 ORYZA2000 模型时 WSO 和 WAGT 的 Sobol 法一阶敏感性指数(S_i)和总敏感性指数(ST_i)的分析结果，从表 8.20 可以看出，LAI 单独耦合时，WSO 对模拟的第 268 天 LAI 遥感估算数据 LAI268 的 S_i 和 ST_i 最高分别为 0.79 和 0.81，对第 288 天 LAI 遥感估算数据 LAI288 的 S_i 和 ST_i 次之，分别为 0.13 和 0.14，而对第 248 天 LAI248 的 S_i 和 ST_i 分别为 0.08 和 0.09，对第 208 天 LAI208 和第 228 天 LAI228 的敏感性指数都非常小，S_i 和 ST_i 的总和都约等于 1，说明遥感数据耦合的时间上无交互作用，即各次耦合数据误差独立地影响模拟结果。LAI 单独耦合生长模型，移栽后 70～80 天的遥感估算的 LAI 数据对模型产量估算结果影响最大，而其前后 20 天的水稻成熟的 LAI 数据影响明显减小，不过成熟前的 LAI 数据影响稍大于刚进入生殖生长时的 LAI，因为营养生长期的 LAI208 和 LAI228 敏感性指数都非常小，可以认为这两次的耦合数据对最后的估算产量基本无调整作用。用遥感数据估算 LAI 耦合模型估算产量时，最少需要水稻进入生殖生长后 20～30 天的 LAI 遥感估算数据，缺少此期数据，遥感数据估算 LAI 对模型模拟的估算结果调整作用较小，模型估算结果误差可能很大。

表 8.20　WSO 和 WAGT 对 ORYZA2000 单独耦合不同时期遥感估算 LAI 敏感性指数

Table 8.20　Sensitivity indices of WSO and WAGT coupled ORYZA2000 with LAI derived from remotely sensed data at different days of year

耦合变量和时间	WSO		WAGT	
	S_i	ST_i	S_i	ST_i
LAI208	0.00	0.00	0.01	0.01
LAI228	0.00	0.00	0.29	0.31
LAI248	0.08	0.09	0.30	0.31
LAI268	0.79	0.81	0.35	0.37
LAI288	0.13	0.14	0.05	0.06
总和	1.00	1.04	1.00	1.06

　　WAGT 对第 228 天遥感数据估算 LAI228 的 S_i 和 ST_i 分别为 0.29 和 0.31,对第 248 天 LAI 遥感估算数据 LAI248 的 S_i、ST_i 分别为 0.30 和 0.31,对第 268 天 LAI 遥感估算数据 LAI268 的 S_i 和 ST_i 分别为 0.35 和 0.37,三次 S_i 和 ST_i 比较接近。要估算水稻总的生物量,水稻叶片营养生长和生殖生长过渡期以及其前后 20 天左右的数据都很重要,因此耦合模型至少要有这三次遥感数据。

　　叶片氮素含量(NFLV)单独耦合 ORYZA2000 模型时 WSO 和 WAGT 的 Sobol 法一阶敏感性指数(S_i)和总敏感性指数(ST_i)的分析结果(见表 8.21)表明,NFLV 单独耦合时,WSO 的 S_i 和 ST_i 开始随着生育期逐渐升高,至 NFLV268 达到最高值分别为 0.64 和 0.67,其后又减小;敏感性指数较大的是 NFLV248,S_i 和 ST_i 分别为 0.20 和 0.21,而 NFLV288 的 S_i 和 ST_i 分别为 0.08 和 0.09,S_i 和 ST_i 的总和都近似等于 1,而且各时期 S_i 和 ST_i 的差异较小,遥感数据耦合的时间上无交互作用,即各次耦合数据误差独立地影响模拟结果。NFLV 单独耦合生长模型,在移栽后 70～80 天的 NFLV 遥感估算数据对模型产量估算结果影响最大,而在水稻成熟 20 天前的 NFLV 数据影响也较大,两次敏感性指数 S_i 总和超过 0.83,说明用 NFLV 遥感数据耦合模型估算产量时,至少需要水稻生长高峰的营养生长和生殖生长过渡期以及过渡期前后 20～30 天的两次估算数据。

表 8.21　WSO 和 WAGT 对 ORYZA2000 单独耦合不同时期遥感估算 NFLV 敏感性指数

Table 8.21　Sensitivity indices of WSO and WAGT coupled ORYZA2000 with NFLV derived from remotely sensed data at different days of year

耦合变量和时间	WSO		WAGT	
	S_i	ST_i	S_i	ST_i
NFLV208	0.02	0.03	0.10	0.12
NFLV228	0.06	0.06	0.28	0.29
NFLV248	0.20	0.21	0.34	0.36
NFLV268	0.64	0.67	0.25	0.27
NFLV288	0.08	0.09	0.02	0.03
总和	1.00	1.06	0.99	1.07

　　NFLV 遥感数据获取时间对 WAGT 的 S_i 和 ST_i 从 NFLV208 的 0.10 和 0.12 逐渐增加到 NFLV248 的 0.34 和 0.36,其后下降到 NFLV268 的 0.25 和 0.27,可以看出前四次 NFLV 的估算影响都很重要,最后一次 NFLV288 的敏感性指数很小。由此可见,要估算水

稻总的生物量,最好包括移栽至水稻成熟 30 天前的四次遥感数据。

8.4.2　输出变量 WSO 和 WAGT 对 ORYZA2000 同时耦合遥感估算的 LAI 和 NFLV 的敏感性分析

表 8.22 是 LAI＋NFLV 同时耦合 ORYZA2000 模型时对 WSO 和 WAGT 的 Sobol 法敏感性指数 S_i 和 ST_i 的分析结果。当 LAI 和 NFLV 数据同时耦合模型时,对于 WSO 结果,第 268 天的两变量敏感性指数 S_i 和 ST_i 总和达到 0.768 和 0.843,第 288 天的指数和为 0.130 和 0.135,第 248 天的指数和为 0.095 和 0.106;其他两次都很小,最后两次 LAI 的敏感性指数要明显大于 NFLV 的指数。结果说明用 LAI 和 NFLV 数据同时耦合模型估算产量时,移栽后 70～80 天的遥感影像应该是绝对重要的数据,必须获得,此期前后 20～30 天的数据也比较重要。

表 8.22　WSO 和 WAGT 对 ORYZA2000 同时耦合不同时期遥感估算的 LAI 和 NFLV 的敏感性指数

Table 8.22　Sensitivity indices of WSO and WAGT coupled ORYZA2000 with LAI and NFLV derived from remotely sensed data at different days of year

耦合变量和时间	WSO		WAGT	
	S_i	ST_i	S_i	ST_i
LAI208	0.000	0.000	0.004	0.003
NFLV208	0.000	0.000	0.004	0.004
LAI228	0.001	0.001	0.205	0.237
NFLV228	0.000	0.000	0.044	0.042
LAI248	0.053	0.053	0.210	0.237
NFLV248	0.042	0.053	0.101	0.129
LAI268	0.512	0.555	0.261	0.272
NFLV268	0.256	0.288	0.115	0.130
LAI288	0.095	0.099	0.041	0.045
NFLV288	0.035	0.036	0.009	0.010
总和	0.994	1.085	0.994	1.109

对于 WAGT 的模拟结果,第 228 天的两变量敏感性指数 S_i 和 ST_i 总和达到 0.249 和 0.279,第 248 天的指数和为 0.311 和 0.366,第 268 天的指数和为 0.376 和 0.402,每次 LAI 的指数要明显大于 NFLV 的指数;其他两次的 S_i 和 ST_i 都很小。结果说明用 LAI 和 NFLV 数据同时耦合模型估算生物量时,生长最旺盛期和其前后 30 天的三次数据都应该作为数据源,才能获得较好的调整结果。

8.4.3　输出变量 WSO 和 WAGT 对 ORYZA2000 耦合遥感估算的 LAI 和 NFLV 的不确定性分析

耦合 ORYZA2000 模型与遥感估算的 LAI 和 NFLV 数据的输出结果 WSO 和 WAGT 不确定性统计分析结果如表 8.23 所示。NFLV 单独耦合的水稻籽粒干重(WSO)和地上生物量(WAGT)标准差为 199.32 和 316.56,变异系数为 2.46％和 2.02％;LAI 单独耦合的 WSO 和 WAGT 标准差为 336.37 和 470.83,变异系数为 4.17％和 3.03％;而当 LAI＋

NFLV 同时耦合的 WSO 和 WAGT 标准差为 389.33 和 505.1,变异系数为 4.82% 和 3.25%。NFLV 耦合生长模型的结果变异性最小,LAI 次之,LAI+NFLV 同时耦合最大;和基准模拟值比较,NFLV 单独耦合 WSO 和 WAGT 的最大相对误差范围分别为 $-8.5\%\sim$ 6.5% 和 $-7.5\%\sim5.5\%$,LAI 单独耦合 WSO 和 WAGT 的最大相对误差范围分别为 $-13.0\%\sim8.2\%$ 和 $-5.9\%\sim10.4\%$,LAI+NFLV 同时耦合 WSO 和 WAGT 的最大相对误差范围分别为 $-14.9\%\sim13.8\%$ 和 $-11.7\%\sim8.0\%$。上述结果说明 LAI 和 NFLV 具有同样的误差水平时,ORYZA2000 模型对耦合变量 NFLV 的误差敏感性较小,对 LAI 和 NFLV 同时耦合的误差最敏感。这一结果可以反向用于比较和选择更合适的耦合变量,因为当选择的耦合变量变化对模型结果影响越大时,变量对模型的输出结果的调整作用越强,越适合作为耦合变量,可以看出用 LAI+NFLV 同时耦合 ORYZA2000 对结果的调整效果最好。

表 8.23　遥感数据估算 LAI 和 NFLV 强迫法耦合水稻生长模型 ORYZA2000 模拟 WSO 和 WAGT 的结果

Table 8.23　Simulation results of WSO and WAGT by ORYZA2000 coupled with LAI and NFLV derived from remotely sensed data

耦合方式	统计项目	WSO	WAGT
LAI+NFLV	max	9217.80	16945.00
	min	6897.70	13843.00
	mean	8077.40	15520.00
	std.	389.33	505.01
	C.V(%)	4.82	3.25
LAI	max	8762.70	16611.00
	min	7052.20	14059.00
	mean	8057.60	15533.00
	std.	336.37	470.83
	C.V(%)	4.17	3.03
NFLV	max	8632.00	16551.00
	min	7407.80	14494.00
	mean	8106.90	15652.00
	std.	199.32	316.56
	C.V(%)	2.46	2.02
基准值		8101.60	15684.00

8.5　本章小结

本章研究水稻生长模型 ORYZA2000 和遥感数据耦合时多个输入变量的敏感性和模型不确定性,以及 LAI 和 NFLV 两个状态变量作为耦合数据时,其遥感估算误差和耦合数据时间对 ORYZA2000 模型输出的影响。主要结论如下:在 ORYZA2000 模型的输入变量存在误差时,将导致模型模拟的最终叶片、籽粒、生物量等模型输出结果有较大的不确定性,其中和叶片状态相关的输出变量的不确定性较大,LAI 指数的不确定性最大变幅超过 20%,最终籽粒产量不确定性相对较小也超过 10%。因此要提高水稻数值模拟模型的模拟精度,必须提高输入数据的准确性以减小估算结果的不确定性。

（1）用全局敏感性分析方法，可以对模型的不确定性和各种输入变量的敏感性进行分析，在生长模型与遥感数据耦合进行区域水稻遥感估产时，可作为分析发现最需要调整的模型输入变量和合适的遥感数据获取时间的必要的前期预研步骤，集中使用有限资金和人力获取数据，以降低生长模型输出结果的总不确定性。

（2）在引起模型输出结果不确定性的输入变量中，水稻播种期的影响最大。在农业生产中，农户根据自己的时间和习惯安排播种期，因此，在一景遥感图像中，水稻种植地块的播种期肯定存在一定差异，如采用同一日期作为水稻生长模型输入变量，必然引起模型结果较大的估算误差。模型的驱动变量温度和日照时数的误差对成熟期的产量影响较大，水稻品种特性变量 FLVTB 对除了 DVS 和 NFLV 外的所有关于叶片和籽粒生物量的输出结果都有较大的影响。因此，用水稻遥感数值模拟模型进行产量预报的研究重点工作应该放在如何准确获取每个水稻像元播种期数据，提高气候数据的区域性插值精度和地上叶片比重（FLVTB）数据精度。

（3）通过 LAI、NFLV 单独耦合或 LAI＋NFLV 同时耦合 ORYZA2000 模型的三种耦合方案比较发现，无论是对总生物重 WAGT 还是籽粒产量 WSO 的模型估算，都是 LAI＋NFLV 同时耦合的调整作用最好，其次是 LAI 单独耦合，而 NFLV 单独耦合对 ORYZA2000 模型结果的耦合调整能力最差。

（4）ORYZA2000 耦合遥感反演数据进行水稻生长模拟，不同的输出变量合适的耦合时期也不同。对于 WSO，无论何种耦合方案，水稻移栽后 70～80 天的遥感影像数据是必需的，此期前后 20～30 天两次数据也比较重要；对于 WAGT 时，水稻叶片营养生长和生殖生长过渡期以及其前后 20 天左右的数据都很重要，对结果的调整能力大体相当，因此耦合模型至少要有这期间三次遥感数据。

第9章 水稻遥感信息提取系统设计与实现

卫星遥感具有宏观性、综合性、客观性、时效性和经济实用性等优势,在水稻种植面积和生育期信息提取、长势和灾害监测、产量预报等方面得到广泛应用。但是,如果研究区范围是全球或者全国等大区域尺度,又要求进行高时间分辨率的监测,那么其数据和运算量是巨大的。比如,对于MOD09A1而言,覆盖中国陆地区域的MODIS数据产品有19幅(见图9.1),该数据产品每8天一次,全年有46次,覆盖中国陆地区域有874幅,数据量约为1118.72 GB。到目前为止,已经有12年数据,覆盖中国陆地区域的MOD09A1超过1万幅,数据量达到13424.64 GB以上。针对如此巨大的数据量,如果逐幅进行影像镶嵌拼接、去云处理、研究区提取、水稻识别、发育期估算等操作,不但工作量大,耗费时间长,而且十分繁琐,容易出现错误。因此,根据本研究团队在水稻遥感方面多年的研究成果,提炼出可以进行工程化运行的算法,采用IDL+ENVI编程技术,实现了遥感数据预处理、水稻面积和生育期信息遥感提取、水稻长势监测与产量预报自动化处理,提高了数据处理速度和工作效率。

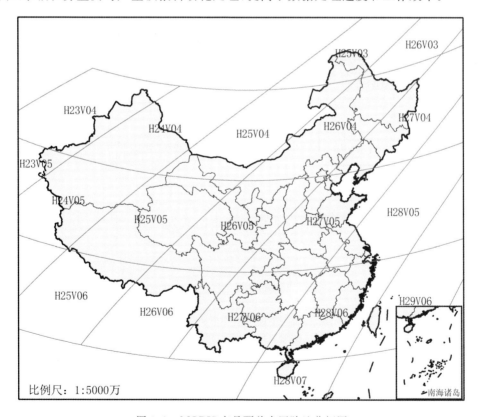

图9.1 MODIS产品覆盖中国陆地分幅图

Fig. 9.1 Tiles partition of MODIS products for China

139

9.1 水稻遥感信息提取系统设计

9.1.1 系统数据流程设计

根据水稻遥感信息提取的需求,该系统数据处理流程如图9.2所示,主要包括遥感数据输入、影像预处理、云检测及去噪、时间序列植被指数构建、水稻面积提取、水稻长势监测与生育期提取、水稻产量预报模型建立、结果输出和制图。

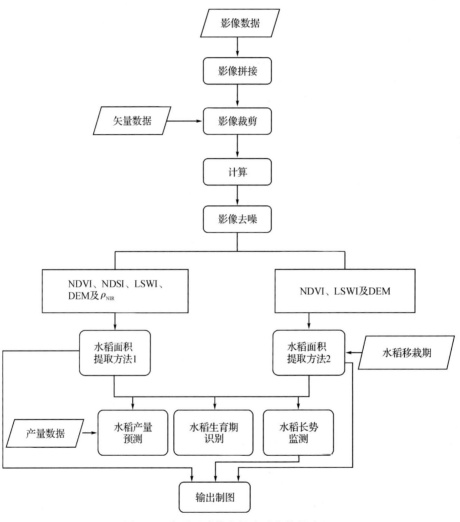

图9.2 水稻遥感信息提取系统数据流程

Fig. 9.2 Data flowchart of remote sensing system for rice information extraction

(1)数据输入。本系统运用的数据有矢量数据(研究区矢量图)和栅格数据,用于提取研究区水稻面积信息、生育期识别、长势监测及估产。系统支持多种格式栅格数据的输入,例如.tif格式、.img格式及二进制格式等;矢量数据只支持.shp格式。

(2)影像预处理。影像预处理包括影像镶嵌、裁剪、计算及去噪。其中计算包括计算EVI、归一化植被指数(Normalized Difference Vegetation Index,NDVI)、归一化雪指数

(Normalized Difference Snow Index，NDSI)和 LSWI。这些光谱指数将在后边的功能模块中得到应用。

（3）云检测及去噪。对于水稻卫星遥感而言，云会降低图像的视觉质量，而且掩盖图像的水稻信息，所以在进行水稻信息提取之前需要进行云检测。通过云检测算法识别出遥感影像中受到云污染的像元并进行标记。

（4）时间序列植被指数构建。由于云等因素的影响，导致植被指数的缺失或者上下波动等，需要采用快速傅立叶变换、小波分析等方法对前面获取的高质量像元的植被指数进行时间序列分析处理，构建完整时间序列植被指数。

（5）水稻面积提取。根据水稻生长发育期间的冠层光谱特征，提炼出可以进行水稻面积遥感估算的知识，采用重建后的 EVI 和 LSWI，提取水稻种植面积。

（6）水稻长势监测与生育期提取。在水稻面积提取的基础上，利用重建的 EVI，计算多年平均 EVI，比较监测年的 EVI 与多年平均 EVI 的大小，分析水稻长势；通过计算水稻生长季内重建的时间序列 EVI 曲线的最大值、最小值、变化速率等确定水稻发育期。

（7）水稻产量预报模型建立。水稻产量预报是利用水稻产量和植被指数的相关性，建立水稻产量预报回归模型，利用模型来预测研究区的产量。

（8）结果输出和制图。在每一个模块下都有单独的计算结果，大部分是以栅格影像的形式输出，也有部分是以文字和表格的形式输出。在最后输出模块中运用 IDL 地图绘制功能，将水稻面积分布、水稻长势等绘制成专题地图。

9.1.2　系统功能模块设计

针对水稻估产与长势监测过程的特点，按功能可划分为如下 6 个模块：数据预处理模块、水稻面积信息提取模块、水稻生育期识别模块、水稻长势监测模块、水稻产量预报模块和数据输出模块（见图 9.3）。

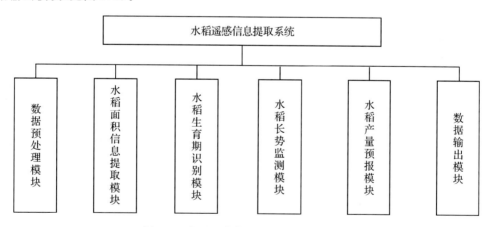

图 9.3　水稻遥感信息提取系统功能结构

Fig.9.3　The function and structure of remote sensing system for rice information extraction

（1）数据预处理模块。该模块包括影像镶嵌、裁剪、计算及去噪。当研究区超出单幅遥感影像所覆盖的范围时，需要进行影像镶嵌，将多幅遥感影像拼成一幅影像；再按照行政区划边界或自然区划边界进行遥感影像裁剪，获取研究区影像。由于各种因素的影响，往往会受到噪声的干扰,噪声不仅会降低图像的视觉质量,还有可能掩盖图像的特征信息,所以需要进行影像去噪。该模块还包括 EVI、NDVI、NDSI 和 LSWI 等参数的计算。

(2)水稻面积信息提取模块。水稻面积信息遥感提取是水稻生育期遥感识别、长势遥感监测及产量预报的基础。在水稻移栽前,稻田需要进行灌水以便于插秧和保证水稻的生长,而且灌水期一直持续到成熟期(约到收获前的一周),在这段时期内稻田的土壤湿度达到或者接近饱和,这是水稻与其他作物的最大差别,系统中水稻面积信息提取都是基于水稻这一典型特点实现的。系统中分别用两种方法提取水稻面积,这两种方法各有优势,应用的范围不同。第一种方法仅适用于中国南方水稻种植区,而第二种方法适用于任何水稻种植区。

(3)水稻生育期识别模块。该模块首先利用 MOD09A1 数据计算时间序列的植被指数,再根据水稻在不同生长发育阶段所表现出来的特有的光谱特征,利用时间序列的植被指数的变化判断水稻移栽期、分蘖期、抽穗期、成熟期等关键生长发育期。

(4)水稻长势监测模块。利用长时间序列的遥感影像数据,计算多年平均植被指数;再利用当年实时水稻植被指数与多年平均植被指数进行比较,获得某一地区当年水稻长势情况。也可以把前一年的植被指数值作为参考指标,利用当年实时水稻植被指数与前一年年平均植被指数进行比较,获得某一地区当年的水稻长势情况。

(5)水稻产量预报模块。在水稻面积提取的基础上,该模块首先统计研究区一定行政区域(如县级行政区域)内不同时期的植被指数,再结合统计数据,建立水稻产量和植被指数的统计回归模型,利用模型来预测研究区的产量。

(6)数据输出模块。该模块是根据应用的需求将水稻面积信息和长势监测信息以专题图的形式输出。输出格式可以是 Windows 支持的任何格式,如.jpg 和.tif 等。

9.1.3　系统界面设计

在设计阶段,除了设计算法、功能等内容外,一个很重要的部分就是系统界面的设计,系统界面是人机交互的接口,包括人如何命令系统向用户提交信息。一个设计良好的用户界面使得用户更容易掌握系统,从而增加用户对系统的接受程度。本系统采用典型的Windows多文档视窗结构,包含主菜单、工具条、活动面板、图层管理窗口和图像显示窗口等界面元素。

(1)菜单设计。下拉菜单由主菜单栏和弹出式子菜单组成。通过它对所有程序模块进行调用。用鼠标左键点击菜单栏上的各按钮,可以弹出一级子菜单,某些一级子菜单还可以弹出二级、三级子菜单。图9.4为预处理模块的三级菜单显示。

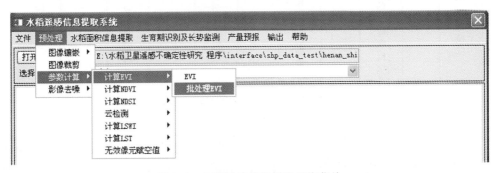

图 9.4　水稻遥感信息提取系统菜单

Fig. 9.4　Menus of remote sensing system for rice information extraction

(2)人机交互操作界面。人机交互操作界面是系统实现功能的界面,需要用户按照界面提示及帮助进行相关输入,从而实现相关功能。图 9.5 为水稻产量预报模块批处理计算 NDVI 界面,提示需要用户输入开始和结束日期(天)、开始和结束年、时间分辨率等。

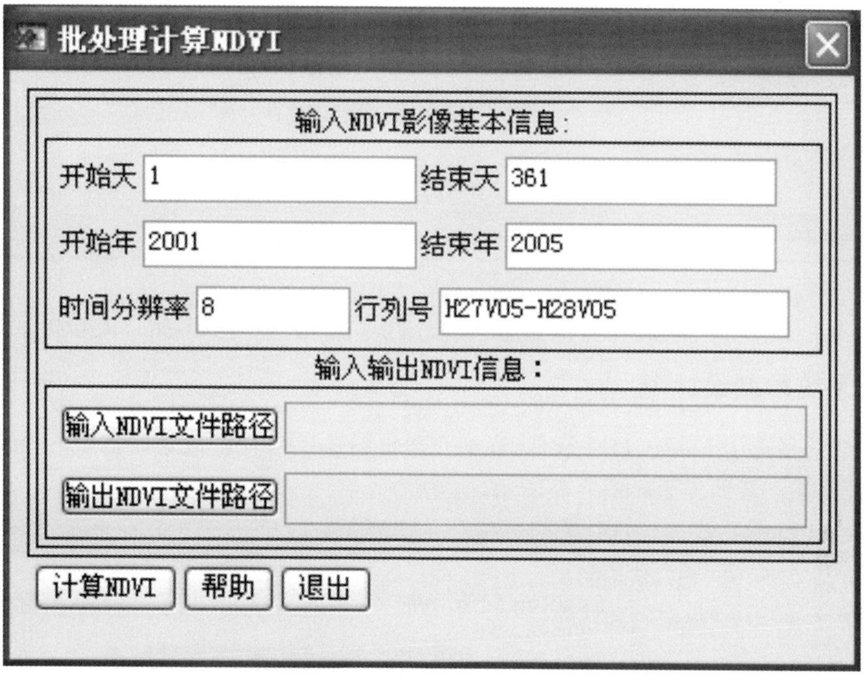

图 9.5　批处理计算 NDVI 界面

Fig. 9.5　Interface of the batch calculation of NDVI

(3)对话框。用户可以通过设定对话框中的参数来完成用户要求的操作。在很多对话框中都有"确定"和"取消"按钮,单击"确定"会执行下一步操作,点击"取消"会退出对话框,不执行任何操作。对于运行出错或者用户错误的操作,系统能够给出对话框提示出错。图 9.6 为对话框提示出错界面。

图 9.6　水稻遥感信息提取系统错误提示对话框

Fig. 9.6　Error dialog of remote sensing system for rice information extraction

(4)显示窗口。本系统中的图像显示窗口主要是用于显示结果影像。例如提取水稻面积后,在提取水稻面积信息界面会有显示窗口,显示水稻面积分布图(见图 9.7)。

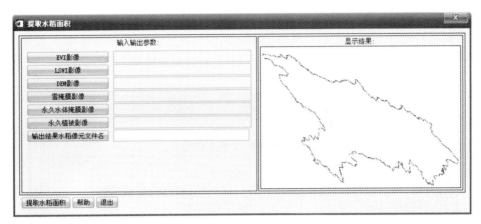

图 9.7　水稻面积信息提取模块界面

Fig. 9.7　Module interface of remote sensing system for rice information extraction

9.1.4　系统帮助设计

系统帮助是运用 Easy CHM 软件，详细介绍水稻遥感信息提取系统的每一个功能的原理、用法及结果。帮助界面如图 9.8 所示。

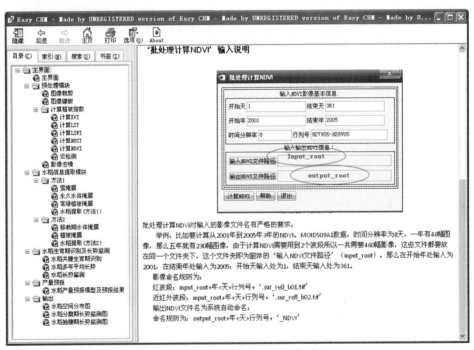

图 9.8　水稻遥感信息提取系统帮助界面

Fig. 9.8　Help interface of remote sensing system for rice information extraction

9.1.5　系统主界面

计算机安装水稻遥感信息提取系统后，用户通过双击桌面上的系统图标就能够进入系统主界面。系统主界面由菜单栏、工具栏和研究区显示窗口组成。这里只介绍系统主界面，各模块功能界面会在后面逐一介绍。系统主界面如图 9.9 所示。

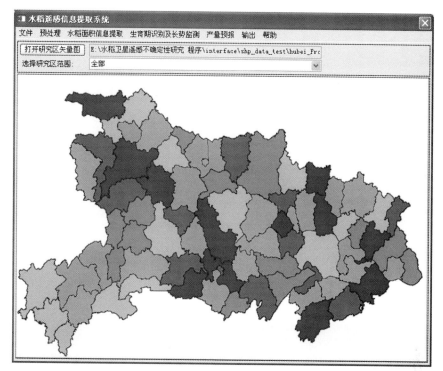

图 9.9　水稻遥感信息提取系统主界面

Fig. 9.9　Main interface of remote sensing system for rice information extraction

9.2　水稻遥感信息提取数据预处理

9.2.1　图像镶嵌

图像镶嵌(Mosaicking)是指将两幅或多幅数字影像拼接在一起,构成一幅整体图像的技术过程。图像镶嵌方法可以分为地理编码图像的自动镶嵌和基于像元的影像镶嵌(无地理坐标),本系统采用地理编码图像的自动镶嵌。

本模块根据图像镶嵌界面上所需要的参数(待镶嵌文件及图像镶嵌后的文件名)进行操作,最后单击"开始图像镶嵌"按钮即可运行,自动快速地对大量图像进行镶嵌。下面为部分核心代码,实现界面如图 9.10 所示。

```
pro mosaic_begin
  ;搜索镶嵌边
  UL_corners_X = dblarr(nfiles) & UL_corners_Y = dblarr(nfiles)
  east = −1e34 & west = 1e34 & north = −1e34 & south = 1e34
  for i=0, nfiles−1 do begin
    pts = [ [dims[1,i], dims[3,i]],  $ ;UL
            [dims[2,i], dims[3,i]],  $ ;UR
            [dims[1,i], dims[4,i]],  $ ;LL
            [dims[2,i], dims[4,i]] ]    ;LR
    envi_convert_file_coordinates, fids[i], pts[0,*], pts[1,*], xmap, ymap,/to_map
    UL_corners_X[i] = xmap[0] & UL_corners_Y[i] = ymap[0]
```

east = east > max(xmap) & west = west < min(xmap)

　north = north > max(ymap) & south = south < min(ymap)

endfor

xsize = east－west & ysize = north－south

x0 = lonarr(nfiles) & y0 = lonarr(nfiles)

; 转换坐标

for i＝0，nfiles－1 do begin

　envi_convert_file_coordinates，tmp_fid，xpix，ypix，UL_corners_X[i]，L_corners_Y[i]

　x0[i] = xpix & y0[i] = ypix

endfor

; 开始拼接

envi_doit，'mosaic_doit'，fid＝rasterfids，pos＝posarr，dims＝dimsarr，$

out_name＝output，xsize＝xsize，ysize＝ysize，x0＝x0，y0＝y0，georef＝1，$

out_dt＝data_type，pixel_size＝out_ps，background＝background，$

use_see_through＝use_see_through，map_info＝map_info

end

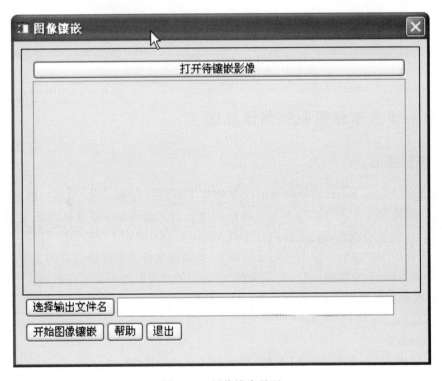

图 9.10　图像镶嵌界面

Fig. 9.10　Interface of the image mosaic

　　湖北省跨越 4 景 MODIS 影像，分别为 H27V05、H28V05、H27V06、H28V06，需要进行图像镶嵌。下面利用该功能将 MOD09A1 数据 2010 年第 209 天 H27V05、H28V05、H27V06、H28V06 这 4 景的第二波段数据进行拼接。首先输入 4 景要镶嵌的影像（见图9.11）。图 9.12 则为 H27V05、H28V05、H27V06、H28V06 这 4 景影像镶嵌的结果示意图。

图 9.11　图像镶嵌功能应用示例界面

Fig. 9.11　Interface of the implementation example of image mosaic

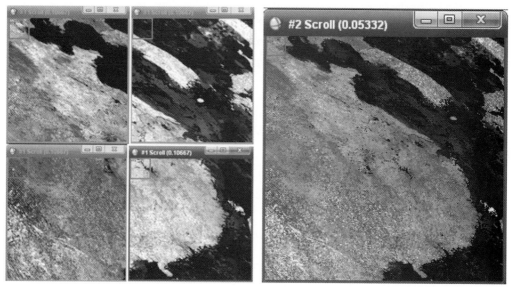

图 9.12　图像镶嵌过程示意图

Fig. 9.12　Schematic diagram of image mosaic

9.2.2　图像裁剪

图像裁剪方法分为规则裁剪和不规则裁剪,其关键技术在于裁剪区的确定和无数据区处理,本系统采用数据处理中常用的不规则裁剪。不规则裁剪的基本步骤为:首先根据多边形(EVF 矢量文件)得出裁剪后图像的大小,然后判断原始影像上的点是否在多边形区域内，如果是，则依照对应位置把原始位置图上的点的像元放置到裁剪后影像的相应位置。

本模块需要根据图像裁剪界面上所需要的参数（待裁剪文件、EVF矢量文件、裁剪后的文件路径及MASK文件路径）进行操作，最后单击"开始图像裁剪"按钮即可快速进行批量图像裁剪。下面为部分核心代码，实现界面如图9.13所示。

```
pro roi
  ;读取 shp 文件信息
  shape_file_obj = OBJ_NEW('idlffshape', shape_name)
  shape_file_obj ->Getproperty, N_ENTITIES=num_ent, ENTITY_TYPE=ent_type
  for ent=0, num_ent-1 do begin
    this_entity = shape_file_obj -> GetEntity(ent)
    these_vertices = *(this_entity. vertices)    ;实体的顶点
    aAllAttrib=shape_file_obj ->GetAttributes(ent)
    ;定义感兴趣区
    ENVI_DELETE_ROIS,/all
    roi_id = ENVI_CREATE_ROI(ns=ns, nl=nl, color=4, name='polygons')
    ENVI_CONVERT_FILE_COORDINATES, fid, xvalue, yvalue, $
    reform(these_vertices[0,*]), reform(these_vertices[1,*])
    ENVI_DEFINE_ROI, roi_id,/polygon, xpts=reform(xvalue), $
    ypts=reform(yvalue)
    roi_ids = roi_id
    if i eq 0 then begin
      xmin = ROUND(MIN(xvalue, max = xMax))
      yMin = ROUND(MIN(yvalue, max = yMax))
    endif else begin
      xmin = xMin < ROUND(MIN(xvalue))
      xMax = xMax > ROUND(MAX(xvalue))
      yMin = yMin < ROUND(MIN(yvalue))
      yMax = yMax > ROUND(MAX(yvalue))
    endelse
  endfor
  xMin = xMin >0 & xMax = xMax < ns-1
  yMin = yMin >0 & yMax = yMax < nl-1
  ......
  ;建立掩膜层
  ENVI_MASK_DOIT, AND_OR =1, out_name=out_name, ROI_IDS= roi_ids, $
    ns = ns, nl = nl,/inside, r_fid = m_fid
  ......
  ;应用掩膜
  ENVI_MASK_APPLY_DOIT, FID = fid, POS = pos, DIMS = dims, $
  M_FID = m_fid, M_POS = m_pos, VALUE = -1L, $
  OUT_NAME = out_name, IN_MEMORY = 0, R_FID = r_fid
end
```

图 9.13　图像裁剪界面

Fig. 9.13　Interface of the image subsetting

利用系统中图像裁剪功能进行影像裁剪时,首先要在系统主界面打开研究区矢量文件,再打开图像裁剪界面(见图 9.14),进行相关操作,利用湖北省行政边界进行影像裁剪的结果如图 9.15 所示。

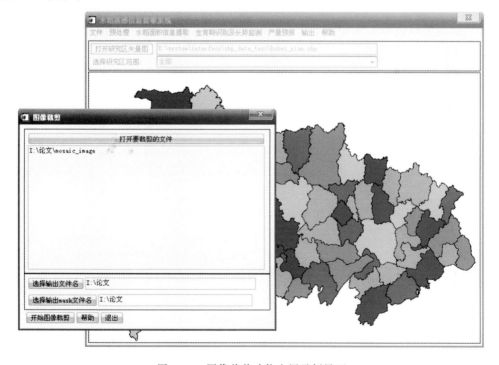

图 9.14　图像裁剪功能应用示例界面

Fig. 9.14　Interface of the implementation example of image subsetting

图 9.15　图像裁剪结果示意图

Fig. 9.15　Schematic diagram of image subsetting

9.2.3　参数计算

本模块可以快速而且批量地计算水稻遥感信息提取用到的主要光谱指数，包括计算 EVI、NDVI、NDSI、LSWI、LST 和云检测（QA 信息）。

$$\text{NDVI} = \frac{\rho_{\text{NIR1}} - \rho_{\text{RED}}}{\rho_{\text{NIR1}} + \rho_{\text{RED}}} (\text{近红外波段和红波段，对于 MODIS 分别对应 } b_2 \text{、} b_1) \quad (9.1)$$

$$\text{NDSI} = \frac{\rho_{\text{GREEN}} - \rho_{\text{SWIR}}}{\rho_{\text{GREEN}} + \rho_{\text{SWIR}}} (\text{近红外波段和绿波段，对于 MODIS 分别对应 } b_6 \text{、} b_4) \quad (9.2)$$

$$\text{LST} = \text{band} \times 0.02 - 273.15 (\text{地表温度，MOD11A1 对应 } b_1) \quad (9.3)$$

根据 MOD09 的 QA 波段信息，检测图像中每个像元是否受到云干扰（包括云和阴影），受到干扰的像元赋值为 1，未受到干扰的像元赋值为 0。图 9.16 为提取 QA 信息的流程。

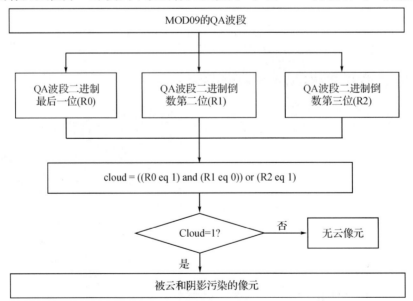

图 9.16　QA 信息的提取流程

Fig. 9.16　Flowchart of the extraction of QA information

以计算 EVI 为例,包括单独计算 EVI(见图 9.17)和批处理计算 EVI(见图 9.18)。输入界面上所需要的参数,然后单击"计算 EVI"按钮即可运行。下面为部分核心代码。

图 9.17　计算 EVI 界面

Fig. 9.17　Interface of the EVI calculation

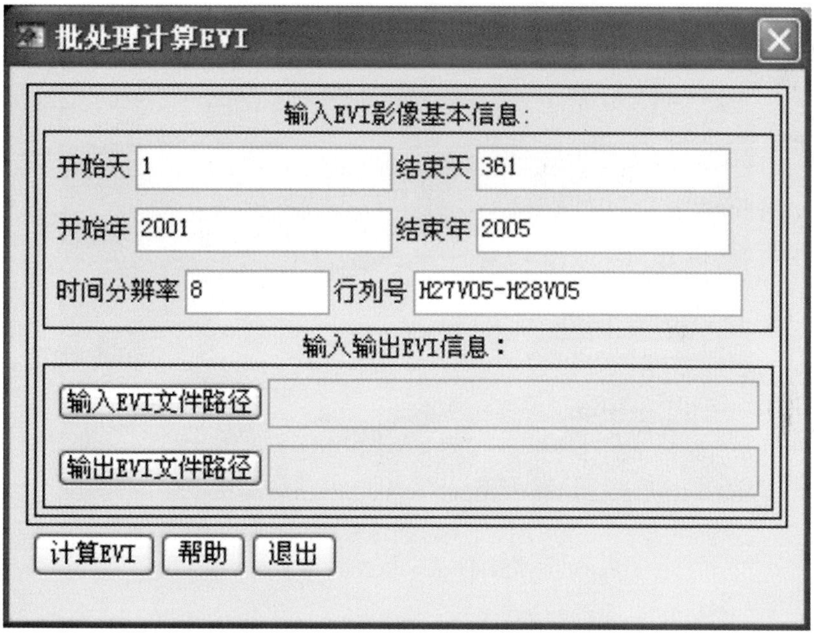

图 9.18　批处理计算 EVI 界面

Fig. 9.18　Interface of the batch calculation of EVI

```
pro evi_cal
    ......
    image1＝read_tiff( file_1)              ;分别读取影像
    image2＝read_tiff( file_2) & image3＝read_tiff( file_3)
    outfilename＝outputroot＋stringyear＋stringday＋hl＋'－'＋'evi'
```

;计算公式

data1＝2.5000 * float(image2 － image1)/(image2 ＋ 6.0 * image1 －7.5 * image3 ＋ 10000.0)

data＝fix(data1 * 10000)

;输出经过计算后的影像

openw，lun，outfilename，/get_lun & writeu，lun，data & FREE_LUN，lun

……

end

批处理计算 EVI 对输入的影像文件名要求比较严格。比如要计算从 2001 年到 2005 年 5 年的 EVI，MOD09A1 数据，时间分辨率为 8 天，一年有 46 幅图像，那么 5 年就有 230 幅图像，由于计算 EVI 需要用到 3 个波段所以一共需要 690 幅影像。这些文件都要放在同一个文件夹下，这个文件夹即为窗体的"输入 EVI 文件路径（input_root）"。那么在开始年处输入 2001，在结束年处输入 2005；开始天处输入 1，结束天处输入 361。

影像命名规则为：红波段，input_root＋年＋天＋行列号＋". sur_refl_b01. tif"；近红外波段，input_root＋年＋天＋行列号＋". sur_refl_b02. tif"；蓝波段，input_root＋年＋天＋行列号＋". sur_refl_b03. tif"；输出 EVI 文件名为系统自动命名，命名规则为 output_root＋年＋天＋行列号＋"－EVI"。

图 9.19 为利用系统功能计算 EVI（2010 年第 201 天）的结果示意图。

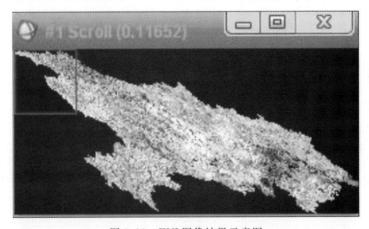

图 9.19　EVI 图像结果示意图

Fig. 9.19　Schematic diagram of EVI image

9.2.4　影像去噪

本模块采用 CTIF 法进行影像去噪，具体方法参加本书第 4 章，具体流程如图 9.20 所示。

该模块可以对 MODIS 影像数据进行去噪处理，包括逐幅影像去噪（见图 9.21）和批处理影像去噪（见图 9.22）。需要输入的数据文件包括待修复时期与前、后时期影像文件和待修复时期与前、后时期云检测影像文件，最后单击"开始 CTIF 方法去噪处理"按钮即可运行。下面为部分核心代码。

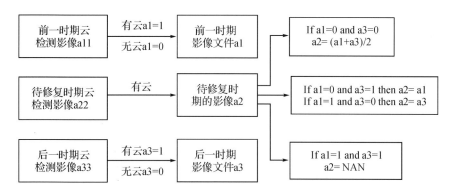

图 9.20　基于 CTIF 方法的 EVI 去噪处理流程

Fig. 9.20　Denoising flowchart of EVI processing based on CTIF method

图 9.21　单幅影像去噪界面

Fig. 9.21　Denoising interface of single image

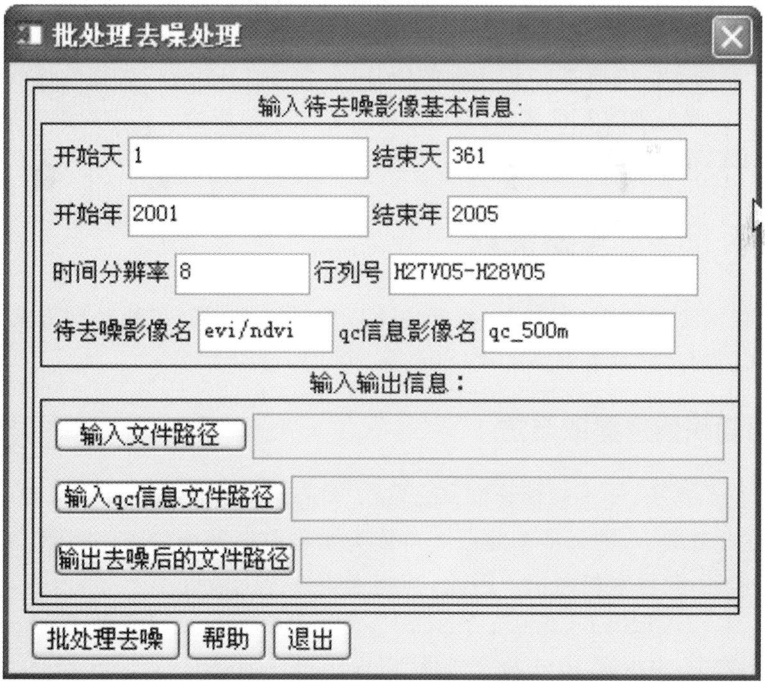

图 9.22　批处理影像去噪界面

Fig. 9.22　Interface of batch denoising for images

```
pro decloud
    ……
    result＝findgen(ns1,nl1) * 0.00
        ;计算公式
        result ＝ float((Data4 eq 0) * Data2＋ $
            ((Data5 eq 0) and (Data4 eq 1) and (Data6 eq 1)) * Data2＋ $
            ((Data5 eq 1) and (Data4 eq 1) and (Data6 eq 0)) * Data3＋ $
            ((Data5 eq 0)and (Data4 eq 1) and (Data6 eq 0)) * (Data1＋Data3) / 2 ＋ $
            ((Data5 eq 1) and (Data4 eq 1) and (Data6 eq 1)) * (－20000))
        ;输出经过计算后的影像
        openw,lun,outfile,/get_lun & writeu,lun,result & FREE_LUN,lun
    ……
    end
```

以 MOD09A1 数据为例,其时间分辨率为 8 天,那么在开始天处输入 1,结束天处输入 361;如果要处理的是从 2001 年到 2005 年 5 年的 NDVI 影像,那么在开始年处输入 2001,在结束年处输入 2005;在进行批处理前,首先要将待处理的数据文件放在同一个路径下,即"输入文件路径(input_root)";QA 文件也要放在同一个文件夹下,即"输入 qc 信息文件路径(inqcput_root)";最后选择输出去噪后的影像路径(output_root)。

影像命名规则为:EVI 影像,input_root＋年＋天＋行列号＋"－"＋待去噪影像名;QA 影像,inqcput_root＋年＋天＋行列号＋"－"＋qc 信息影像名;输出 EVI 文件名为系统自动命名,命名规则为 output_root＋年＋天＋行列号＋待去噪影像名＋"decloud"。注意凡是双引号里的字母是区分大小写的,这里文件名中必须为小写字母。

图 9.23 为利用本系统功能对 EVI 影像(2010 年第 201 天)进行去噪处理的结果示意图。左边影像为经过去噪处理的 EVI 影像,右边影像为原始 EVI 影像。选中影像中某一像元,根据其对应位置的 EVI 的大小可以看出来,经过去噪处理后,EVI 从 0.0096 上升为 0.3630。

9.3　水稻面积信息遥感提取

本模块提供两种利用 MOD09A1 数据快速提取区域水稻面积的处理方法,具体算法参见 Xiao 等(2006)的文献和本书第 4 章(Sun 等,2009)。

9.3.1　水稻面积信息提取方法 1

Xiao 等(2006)认为,在水稻移栽期,如果像元符合 EVI≤LSWI＋0.05,那么该像元就可能为水稻田;在此基础上,进一步去除以上可能为水稻田区域内的雪、永久性水体和常绿植被非水稻田的像元,获得水稻面积。因此,其判别条件为①坡度小于 2°,海拔高度小于等于 2km 的地区;②EVI≤LSWI＋0.05;③NDSI＞0.4 且 ρ_{NIR}＞0.11 为冰雪像元,需要去除;④一年 46 次图像中,至少有 10 次符合条件 NDVI＜0.1 且 NDVI＜LSWI 的像元为永久水体像元,需要去除;⑤一年 46 次图像中,至少有 20 次符合条件 NDVI≥0.7 的像元则为常绿森林像元,需要去除;⑥一年 46 次图像中,没有符合条件 LSWI＜0.15 的像元则为常绿灌木/林地/草地像元,需要去除。因此,利用 MODIS 数据自动提取水稻的整个过程如下。

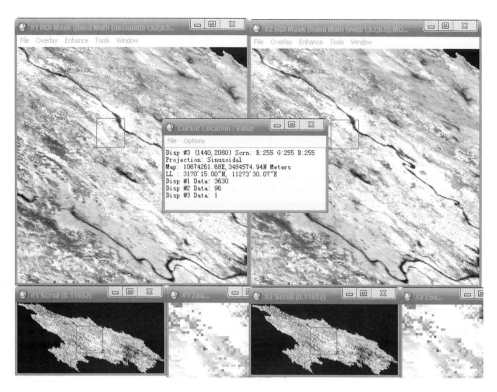

图 9.23　去噪后和原始的 EVI 影像比较

Fig. 9.23　The comparison between denoised and original EVI image

第 1 步:提取雪掩膜,计算一年 46 次图像每一次符合条件 NDSI>0.4 且 ρ_{NIR}>0.11 的像元。如果用 Snow i 表示第 i 次符合条件的图像,那么雪掩膜文件的公式表示为:

$$雪掩膜=Snow1 \cup Snow2 \cup \cdots \cup Snow \ i \cup \cdots \cup Snow46 \tag{9.4}$$

下面为部分核心代码,实现界面如图 9.24 所示。

```
pro snow_cover_Extraction
  ……
  ;定义数组,用来存储影像信息
  ndsi_Data=findgen(ns1,nl1)
  nir_Data=findgen(ns1,nl1)
  for i = 0,nb1-1 do begin
    ndsi_Data=envi_get_Data(fid=fid1,dims=dims1,pos=i)   ;分别读取影像
    nir_Data=envi_get_Data(fid=fid2,dims=dims2,pos=i)
    ;找出符合条件的像元
    index=where(ndsi_Data gt 4000 and nir_Data  gt 1100,count)
    if count eq 0 then goto,qq
    result[index]=1
    FREE_LUN,lun
    qq:
  endfor
;输出符合条件像元的影像
```

```
openw, lun, outfilename, /get_lun
writeu, lun, result
help, result
FREE_LUN, lun
......
end
```

根据提取雪掩膜窗体提示分别打开 NDSI 和 ρ_{NIR} 多波段影像文件,并且填写提取的雪掩膜影像的文件名。最后运行,单击"提取雪像元"。用本系统提取的 2010 年湖北省雪掩膜影像,因为提取出来的影像中只有很少几个雪像元,所以本书没有列出提取的雪掩膜的图。

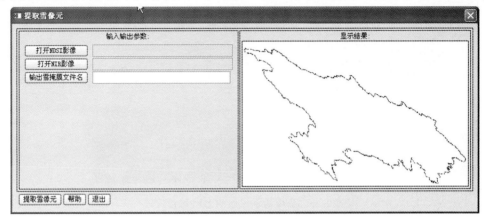

图 9.24　提取雪掩膜界面

Fig. 9.24　Interface of the snow mask extraction

第 2 步:提取永久水体掩膜,计算一年 46 次图像每一次符合条件 NDVI<0.1 且 NDVI< LSWI 的像元,如果在一年 46 次图像中至少有 10 次图像的像元符合此条件,则认为此像元为永久水体像元,从而形成永久水体掩膜影像。如果用 water i 表示第 i 景符合条件的图像,那么永久水体掩膜文件的公式表示为:

$$永久水体掩膜 = number(water1, water2, \cdots, water\ i, \cdots, water46) \geqslant 10 \qquad (9.5)$$

下面为部分核心代码,实现界面如图 9.25 所示。

```
pro permanent_water_Extraction
......
for i = 0, nb1-1 do begin
    ndsi_Data=envi_get_Data(fid=fid1, dims=dims1, pos=i) ;分别读取影像
    lswi_Data=envi_get_Data(fid=fid2, dims=dims2, pos=i)
    ;找出符合条件的像元
    ind1=where((ndsi_Data eq ! values. f_nan)or $
    (lswi _Data eq ! values. f_nan), count1)
    if count1 eq 0 goto, qq1
    temp[ind1]=temp[ind1]
    qq1:
    ind 2=where((ndsi_Data ne ! values. f_nan)and(lswi _Data ne ! values. f_nan) $
        and (ndsi_Data lt nir_Data) and (lswi _Data   lt 1000), count2)
```

```
    if count2 eq 0 then goto , qq2
    temp[ind2]＝temp[ind2]＋1
    qq2：
  endfor
index＝where( temp ge 10)
result＝findgen(ns1 , nl1) ＊ 0 & result[index]＝1.0
;输出符合条件像元的影像
openw , lun , outfilename1 ,/get_lun & writeu , lun , result & FREE_LUN , lun
......
end
```

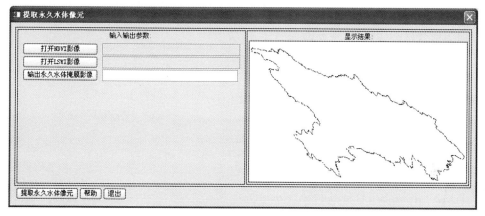

图 9.25　提取永久水体掩膜界面

Fig. 9.25　Interface of the extraction of permanent water bodies mask

根据提取永久水体掩膜窗体提示分别打开 NDVI 和 LSWI 多波段影像文件,并且填写提取的永久水体掩膜影像的文件名。最后运行,单击"提取永久水体像元"按钮。用本系统提取的 2010 年湖北省永久水体掩膜如图 9.26 所示。

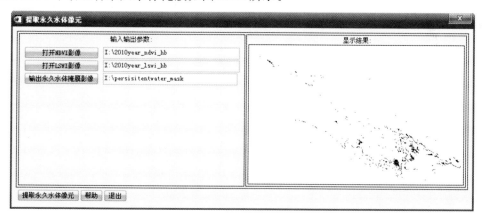

图 9.26　2010 年湖北省永久水体分布

Fig. 9.26　Spatial distribution of permanent water bodies in Hubei Province in 2010

第 3 步:提取常绿植被掩膜,分为常绿森林掩膜和常绿灌木/林地/草地掩膜。

(1)常绿森林掩膜。计算一年 46 次图像每一次符合条件 NDVI≥0.7 的像元,如果在一年 46 次图像中至少 20 次图像的像元符合此条件,则认为此像元为常绿森林像元,从而形成

常绿森林掩膜影像。如果用 forest i 表示第 i 次符合条件的图像,那么常绿森林掩膜文件的公式表示如下:

$$常绿森林掩膜=number(forest1,forest2,\cdots,forest\ i,\cdots,forest46)\geqslant20 \qquad (9.6)$$

(2)常绿灌木/林地/草地掩膜。计算一年 46 次图像每一次符合条件 LSWI<0.15 的像元,如果在一年 46 次图像中没有 1 次图像的像元符合此条件,则认为此像元为常绿灌木/林地/草地,从而形成常绿灌木/林地/草地掩膜影像。如果用 swg i 表示第 i 次符合条件的图像,那么常绿灌木/林地/草地掩膜文件的公式表示如下:

$$常绿灌木/林地/草地掩膜=n\ number(swg1,swg2,\cdots,swg\ i,\cdots,swg46)=0 \quad (9.7)$$

所以,常绿植被掩膜包括常绿森林掩膜和常绿灌木/林地/草地掩膜两部分,用公式表示为:

$$常绿植被掩膜=常绿森林掩膜\cup常绿灌木/林地/草地掩膜 \qquad (9.8)$$

下面为部分核心代码,实现界面如图 9.27 所示。

```
pro evergreen_vegetation_Extraction
   ……
   for i = 0 , nb1－1 do begin
     ndvi_Data＝envi_get_Data(fid＝fid1 , dims＝dims1 , pos＝i) ;分别读取影像
     lswi_Data＝envi_get_Data(fid＝fid2 , dims＝dims2 , pos＝i)
     ;找出符合条件的像元
     index1＝where(ndvi _Data ge 7000 , count1)
     index2＝where(lswi _Data ge 1500 , count2)
     if (count1 eq 0 and count2 eq 0) then goto , qq
     if (count1 ne 0 and count2 eq 0) then begin
        temp1[index1]＝temp1[index1]＋1 & temp2[index1]＝temp2[index1]
     endif
     if (count1 eq 0 and count2 ne 0) then begin
        temp1[index2]＝temp1[index2] & temp2[index2]＝temp2[index2]＋1
     endif
     if (count1 ne 0 and count2 ne 0) then begin
        temp1[index1]＝temp1[index1]＋1 &
        temp2[index2]＝temp2[index2]＋1
     endif
     qq:
   endfor
   index＝where(temp1 ge 20 or   temp2 eq nb1 )
   result＝findgen(ns1 , nl1) ＊ 0 & result[index]＝1
   ;输出符合条件像元的影像
   openw , lun , outfilename1 ,/get_lun & writeu , lun , result & FREE_LUN , lun
   ……
end
```

根据提取常绿植被掩膜的窗体提示分别打开 NDVI 和 LSWI 多波段影像文件,并且填写提取的常绿植被掩膜影像的文件名。最后运行,单击"提取常绿植被像元"。用本系统提取的 2010 年湖北省常绿植被掩膜如图 9.28 所示。

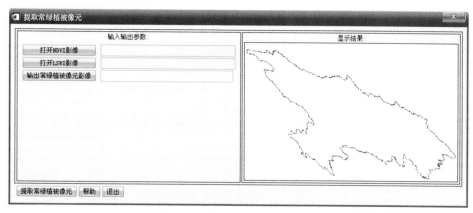

图 9.27　常绿植被掩膜提取界面

Fig. 9. 27　Interface of the extraction of evergreen vegetation mask

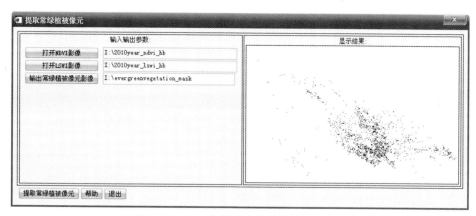

图 9.28　2010 年湖北省常绿植被面积分布

Fig. 9. 28　Spatial distribution of evergreen vegetation in Hubei Province in 2010

第 4 步：在前 3 步的基础上，计算一年 46 次图像每一次符合条件 EVI≤LSWI＋0.05，而且满足坡度小于 2°的像元，如果用 Rice_trans i 表示第 i 景符合条件的图像，那么水稻像元文件的公式表示如下：

$$水稻像元＝（Rice\_trans1 \bigcup Rice\_trans2 \bigcup \cdots \bigcup Rice\_trans\ i \bigcup \cdots \bigcup Rice\_trans46）\bigcap$$

$$Not（雪掩膜 \bigcup 常绿植被掩膜 \bigcup 永久水体掩膜） \tag{9.9}$$

下面为部分核心代码，实现界面如图 9.7 所示。

```
pro m1_rice _Extraction
  ……
  for i = 0,nb1－1 do begin
    evi_Data＝envi_get_Data(fid＝fid1,dims＝dims1,pos＝i);分别读取影像
    lswi_Data＝envi_get_Data(fid＝fid2,dims＝dims2,pos＝i)
    ;找出符合条件的像元
    index1＝where(evi_Data le (lswi_Data＋500 ))
    temp[index1]＝1
  endfor
  dem_Data＝envi_get_Data(fid＝fid3,dims＝dims3,pos＝0)
```

```
snow_Data＝envi_get_Data(fid＝fid4,dims＝dims4,pos＝0)
permanent_water _Data＝envi_get_Data(fid＝fid5,dims＝dims5,pos＝0)
evergreen_vegetation _Data＝envi_get_Data(fid＝fid6,dims＝dims6,pos＝0)
;找出符合条件的像元
index2＝where(temp eq 1 and dem_Data eq 1 and snow_Data eq 0 and $
permanent_water _Data eq 0 and evergreen_vegetation _Data eq 0)
index 2＝where(temp eq 1 and dem_Data eq 1 and snow_Data eq 1,count1)
       if (count1 eq 0 ) then goto,qq
result[index2]＝1
;输出符合条件像元的影像
openw,lun,outfilename1,/get_lun & writeu,lun,result & FREE_LUN,lun
……

end
```

根据提取永久水体像元的窗体提示分别打开 EVI 和 LSWI 多波段影像文件,然后打开 DEM 影像及雪掩膜、永久水体掩膜和常绿植被掩膜影像。并且填写提取的水稻像元影像的文件名。最后运行,单击"提取水稻像元"。图 9.29 为用本系统提取的 2010 年湖北省单季稻水稻种植面积。

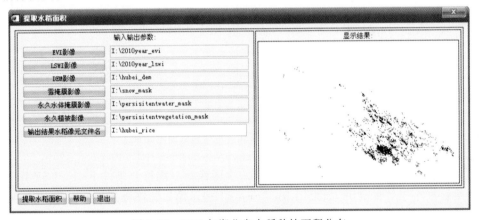

图 9.29　2010 年湖北省水稻种植面积分布

Fig. 9.29　Spatial distribution of paddy rice fields in Hubei Province in 2010

9.3.2　水稻面积信息提取方法 2

该模块使用的算法参见本书第 4 章,该方法是在 Xiao 等(2006)的基础上改进的。下面以 2010 年湖北省早稻为例说明具体算法和提取过程。

第 1 步:利用水稻移栽期前后的光谱指数确定水稻可能种植区。对单季稻或者早稻而言,其判别条件基本一致,即当移栽期某个像元符合 LSWI>0.12,EVI<0.26,并且(LSWI+0.05)>EVI,那么该像元就可能为水稻田。即(EVI<(LSWI+0.05))∩(LSWI>0.12)∩(EVI<0.26)。下面为部分核心代码,实现界面如图 9.30 所示。

```
pro water_pixel_Extraction,LSWI_file
    ……
;定义数组,用来存储影像信息
lswi_Data＝findgen(ns1,nl1) & evi_Data＝findgen(ns1,nl1)
```

```
result＝findgen(ns1,nl1)＊0
;分别读取影像
lswi_Data＝envi_get_Data(fid＝fid1,dims＝dims1,pos＝0)
evi_Data＝envi_get_Data(fid＝fid2,dims＝dims2,pos＝0)
;找出符合条件的像元
index＝where(lswi_Data gt 1200 and evi_Data lt 2600 and ＄
        evi_Data le (lswi_Data＋500),count)
result[index]＝1
;输出符合条件像元的影像
openw,lun,outfilename,/get_lun ＆ writeu,lun,result ＆ FREE_LUN,lun
……
end
```

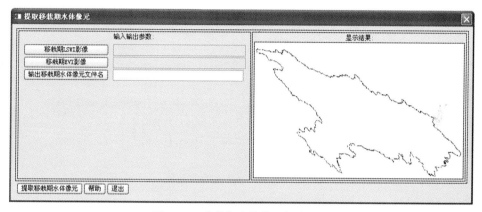

图 9.30　移栽期水体像元提取界面

Fig. 9.30　Interface of water bodies pixels extraction in the flooding and rice transplanting period

根据提取移栽期水体像元的窗体提示分别打开 EVI 和 LSWI 多波段影像文件,并且填写提取的移栽期水体像元影像的文件名。最后运行,单击"提取移栽期水体像元"。用本系统提取的 2010 年湖北省移栽期水体像元如图 9.31 所示。

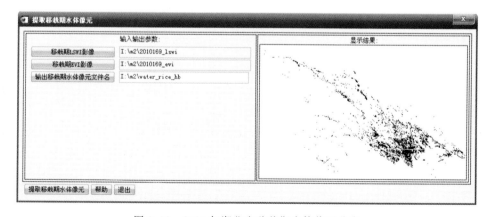

图 9.31　2010 年湖北省移栽期水体像元分布

Fig. 9.31　Spatial distribution of water bodies pixels in the flooding and rice transplanting period in Hubei Province in 2010

对晚稻而言,由于在移栽期受背景的影响较为严重,水稻田的 EVI 明显偏高,而 LSWI 几乎没有发生变化,因此,利用 LSWI>0.12,EVI<0.35,并且(LSWI+0.17)>EVI 来判断可能为水稻田的像元。其他与早稻相同。

第 2 步:利用水稻旺盛生长期的光谱指数确定水稻可能种植区。试验表明,对水稻像元来说,在移栽期以后的第 6～11 个 8 天合成的时期(处于水稻生长最旺盛的阶段),如果图像没有受到云的影响,那么这 6 个时期的平均 EVI 将大于 0.35,可以利用这个特点,提取包含水稻像元的植被区,并去除永久性水体。算法为:灌水移栽期后第 6～11 个 8 天合成的图像的平均 EVI>0.35,即 average(EVI6,EVI7,EVI8,EVI9,EVI10,EVI11)>0.35。下面为部分核心代码,实现界面如图 9.32 所示。

```
pro vegetation_pixel_Extraction
  ......
  avr=(evi_Data1 * (evi_Data1 ne ! values. f_nan)+ $
    evi_Data2 * (evi_Data2 ne ! values. f_nan)+ $
    evi_Data3 * (evi_Data3 ne ! values. f_nan)+ $
    evi_Data4 * (evi_Data4 ne ! values. f_nan)+ $
    evi_Data5 * (evi_Data5 ne ! values. f_nan)+ $
    evi_Data6 * (evi_Data6 ne ! values. f_nan))/((evi_Data1 ne ! values. f_nan)+ $
    (evi_Data2 ne ! values. f_nan)+(evi_Data3 ne ! values. f_nan)+ $
    (evi_Data4 ne ! values. f_nan)+(evi_Data5 ne ! values. f_nan)+ $
    (evi_Data6 ne ! values. f_nan))
index=where(avr ge 3500, count1)   ;找出符合条件的像元
temp[index]=1
;输出符合条件像元的影像
openw, lun, outfilename,/get_lun & writeu, lun, temp & FREE_LUN, lun
  ......
end
```

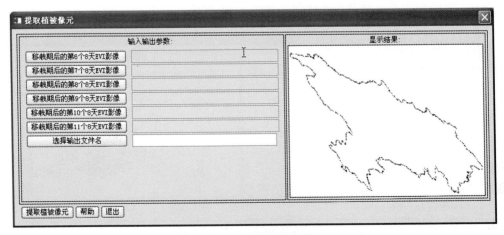

图 9.32　植被像元提取界面

Fig. 9.32　Interface of vegetation pixels extraction

根据提取植被像元的窗体提示分别打开移栽期后对应第几个 8 天的 EVI 影像文件,并且填写提取的植被像元影像的文件名。最后运行,单击"提取植被像元"。用本系统提取的 2010 年湖北省植被像元(含水稻)如图 9.33 所示。

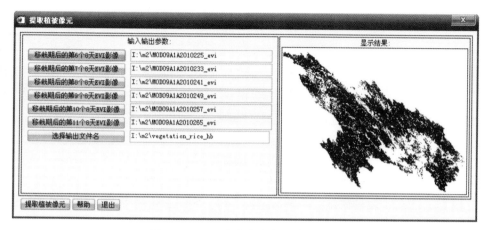

图 9.33　2010 年湖北省植被像元分布

Fig. 9.33　Spatial distribution of vegetation pixels in Hubei Province in 2010

第 3 步:在第 1 步和第 2 步的基础上,满足坡度小于 5°,且海拔高度小于 1.5km,算法为第 1 步和第 2 步成立,slope<5°且 elevation<1.5km,即(step1 $\cap$ step2 $\cap$ slope<5°) $\cap$ (elevation<1.5km)。下面为部分核心代码,实现界面如图 9.34 所示。

```
pro rice_pixel_Extraction
    ……
    ;分别读取影像
    Step1_Data1=envi_get_Data(fid=fid1,dims=dims1,pos=0)
    Step2_Data2=envi_get_Data(fid=fid2,dims=dims2,pos=0)
    DEM_Data3=envi_get_Data(fid=fid3,dims=dims3,pos=0)
    ;找出符合条件的像元
    index=where(Step1_Data1 eq 1 and Step1_Data2 eq 1 $
        and DEM_Data3 eq 1,count1)
    temp[index]=1
    ;输出符合条件像元的影像
    openw,lun,outfilename,/get_lun & writeu,lun,temp & FREE_LUN,lun
    ……
end
```

根据提取水稻像元的窗体提示分别打开移栽期水体像元影像和移栽期对应的植被像元影像文件,然后打开 DEM 影像,并且填写提取的水稻像元影像的文件名。最后运行,单击"提取水稻像元"。图 9.35 为用本系统提取的 2010 年湖北省单季稻空间分布。

9.3.3　精度评价

评价利用遥感提取水稻种植面积的精度需要从两个角度进行分析:一方面是空间位置匹配检验,也就是说,要用标准的水稻分类图去验证遥感提取的水稻种植面积的空间分布的

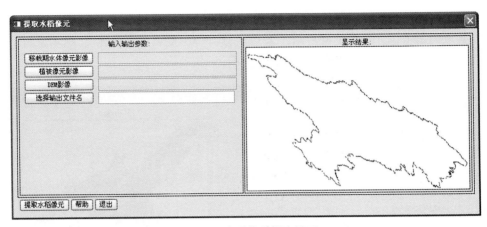

图 9.34　水稻像元提取界面

Fig. 9.34　Interface of rice pixels extraction

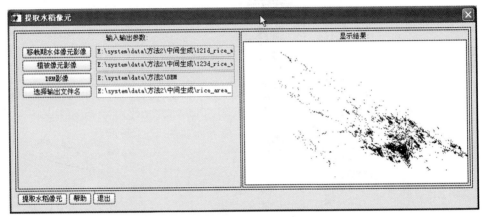

图 9.35　2010 年湖北省单季稻空间分布

Fig. 9.35　Spatial distribution of single paddy rice fields in Hubei Province in 2010

吻合度;另一方面是面积数量精度检验,在同样的研究区内,用遥感提取的水稻面积在数值上和统计数据的水稻面积的对比情况。

下面为从空间分布分析角度进行精度评价的部分核心代码,实现界面如图 9.36 所示。

```
pro cal_rs_area2,inputfile,realfile,widget
  ......
  rice_rice_index＝where(real_Data eq 1 and extr_Data eq 1,count1)
  rice_other_index＝where(real_Data eq 1 and extr_Data eq 0,count2)
  other_rice_index＝where(real_Data eq 1 and extr_Data eq 1,count3)
  other_other_index＝where(real_Data eq 0 and extr_Data eq 0,count4)
  if(count1 ne 0 )then begin
    ;参考水稻影像与提取水稻影像都是水稻像元面积
    rice_rice＝count1 * 30 * 30/10000
  endif else begin & rice_rice＝0 & end else
  if(count2 ne 0)then begin
    ;参考水稻影像是水稻像元,而提取水稻影像是其他地类像元面积
    rice_other_area＝coun2t * 30 * 30/10000
```

```
endif else begin & rice_other_area＝0 & end else
if（count3 ne 0）then begin
    ;参考水稻影像是其他地类,提取水稻影像是水稻像元面积
    other_rice_area＝count3 * 30 * 30/10000
endif else begin & other_rice_area＝0 & end else
if（count4 ne 0）then begin
    ;参考水稻影像和提取水稻影像都是其他地类像元面积
    other_other_area＝count4 * 30 * 30/10000
endif else begin & other_other_area＝0 & end else
......
end
```

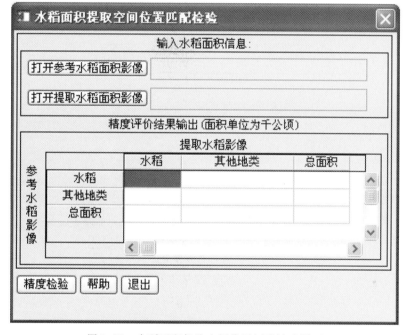

图 9.36　水稻面积提取空间位置匹配检验界面

Fig. 9.36　Interface of spatial-matching test for rice field extraction

下面为从定量分析角度进行精度评价的部分核心代码,实现界面如图 9.37 所示。

```
pro cal_rs_area , inputfile , real_area , widget
    ......
    index1＝where(Data eq 1, count)
    if（count1 ne 0）then begin
        rs_area＝count * 463 * 463 /10000        ;遥感提取面积
    endif
    RS_area_id＝Widget_Info(Widget , FIND_BY_UNAME＝'RS_area')
    Widget_Control , RS_area_id , set_Value＝RS_area
    jd_error＝(RS_area－real_area)        ;绝对误差
    xd_error＝jd_error/real_area * 100＋strtrim(string('%'),2)   ;相对误差
    ......
end
```

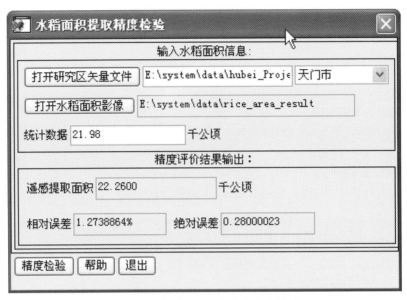

图 9.37　水稻面积提取精度检验界面

Fig. 9.37　Interface of area accuracy test for rice field extraction

9.4　水稻生育期遥感识别

　　利用 MOD09A1 数据计算时间序列的植被指数,再根据水稻在不同生长发育阶段所表现出来的特有的光谱特征,利用时间序列的植被指数的变化判断水稻的关键生长发育期。时间序列的植被指数构建方法参见本系统预处理模块,水稻生育期识别方法参考本书第 6 章。下面为部分代码,实现界面如图 9.38 所示。

```
pro Development_period_identification , EVI_file
    ......
    ;定义数组,用来存储生育期信息
    identi＝strarr(1,4)
    ;识别抽穗期,这一时期 EVI 达到最大值
    max＝max(mean_data1 , Max_index)
    identi[0 , 0 ]＝'第'＋strtrim(string(BNAMES[Max_index]),2)＋ $
            '为抽穗期:EVI 达到最大值'＋strtrim(STRING(max),2)
    ;识别移栽期,计算抽穗期以前的时间序列中最小值对应的时期
    cs＝fix(Max_index) & cs_data＝lindgen(Max_index＋1)
    for i ＝0 , cs do begin
      cs_data[i]＝mean_data1[i]
    endfor
    cs_min＝min(cs_data , cs_index)
    identi[0 , 1 ]＝'第'＋strtrim(string(BNAMES[cs_index－1]),2)＋ $
            '为移栽期:EVI 为'＋strtrim(STRING(cs_min),2)
    ;识别分蘖初期
    diff＝float(max－cs_min) & fn＝Max_index－cs_index
    fn_Data＝findgen(fn＋1) & contr＝findgen(fn＋1) & contr1＝findgen(fn＋1)
```

```
ii＝lindgen(fn＋1)
for i ＝0，fn do begin
  ii[i]＝cs_index＋i
  fn_Data[i]＝mean_data1[ii[i]]
  contr[i]＝float(fn_Data[i]－cs_min) & contr1[i]＝float(contr[i])/float(diff)
  if contr1[i] ge 0.1 then begin
    identi[0,2]＝'第'＋strtrim(string(BNAMES[ii[i]]),2)＋$
              '为分蘖期：EVI 为'＋strtrim(STRING(fn_Data[i]),2)
    goto，mature
  endif
endfor
mature：
;识别成熟期
mat＝nb1－Max_index－1 & mat_Data＝findgen(mat)
mat_contr＝findgen(mat)
ii＝lindgen(mat)
for i ＝0，mat－1 do begin
  ii[i]＝Max_index＋i＋1
  mat_Data[i]＝mean_data1[ii[i]]
  mat_contr[i]＝mean_data1[ii[i]－1]－mat_Data[i]
endfor
result＝max(mat_contr，mat_index)
sub＝mat_index＋Max_index＋1
identi[0,3]＝'第'＋strtrim(string(BNAMES[sub]),2)＋$
          '为成熟期：EVI 为'＋strtrim(STRING(mean_data1[sub]),2)
……
end
```

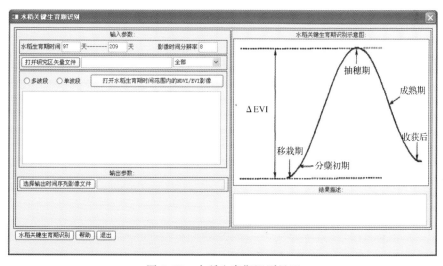

图 9.38　水稻生育期识别界面

Fig.9.38　Interface of the identification of major derelopment stages of paddy rice

　　以 2010 年湖北省天门县早稻生育期遥感识别为例,说明水稻生育期遥感识别模块的使用方法。用于水稻生育期遥感识别的时间序列 EVI 共有 17 个时期资料,对应的时间是 89～217 天。本系统识别的天门县早稻移栽期为第 105～113 天;分蘖期为第 145～153 天;抽穗期为第 177～185 天;成熟期为第 201～209 天(见图 9.39)。

图 9.39　水稻生育期识别功能应用示例界面

Fig. 9.39　Interface of the implementation example for the identification of development stages of paddy rice

　　将识别结果与气象台站的观测数据进行比较,分析两者之间的差异,验证利用遥感识别水稻生育期的效果。下面为部分代码,其界面如图 9.40 所示。

```
FUNCTION RGB2IDX, RGB        ;定义颜色
    COMPILE_OPT idl2
    RETURN, rgb[0] + (rgb[1] * 2L^8) + (rgb[2] * 2L^16)
END
pro plot_identification_assess, Widget, real_day, rs_day
    ……
    DEVICE, Decomposed=1    ;重新设置颜色
    !p. background=RGB2IDX([255,255,255])
    !p. color = 0
    real_day_z=real_day+16        ;±16 天的边界线
    real_day_f=real_day-16
    mmin=min([min(real_day), min(rs_day), min(real_day_f), min(real_day_z)])
    mmax=max([max(real_day), max(rs_day), max(real_day_f), max(real_day_z)])
    plot, real_day, rs_day, PSYM=2, MYM        ;绘制图像
        xtitle='Meteorological statistics(day of year)', $
```

```
ytitle='RS-derived results(day of year)',$
xrange=[mmin,mmax],yrange=[mmin,mmax]
oplot,real_day,real_day_z & oplot,real_day,real_day_f
......
end
```

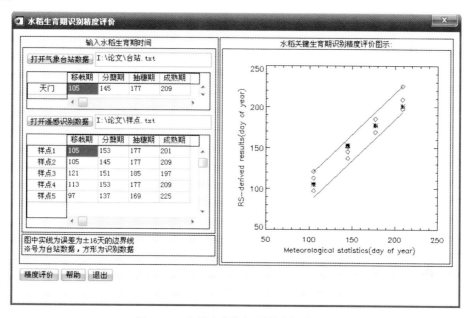

图 9.40　水稻生育期识别精度评价界面

Fig. 9.40　Interface of accuracy assessment for the identification of development stages of paddy rice

9.5　水稻长势遥感监测

选择多年平均年份植被指数的比值(距平百分比)的方法进行监测,以 EVI 为例。即：

$$\gamma=\frac{EVI_i}{AEVI_i} \tag{9.10}$$

其中,EVI_i 为监测年第 i 期的 EVI;$AEVI_i$ 为第 i 期多年平均的 EVI。

若 $\gamma>1$,可以初步判断当年该区域水稻生长好于平均水平;若 $\gamma<1$,则表明当年的长势不及平均水平;如果 $\gamma=1$(或近似等于 1),说明当年农作物与平均水平长势相当。在此基础上,可根据值的大小区别当年与平均长势水平的等级,分为比平均水平好($\gamma>1.15$)、稍好($1.05<\gamma\leqslant1.15$)、相当($0.95\leqslant\gamma\leqslant1.05$)、稍差($0.85\leqslant\gamma<0.95$)和差 5 个等级($\gamma<0.85$)。下面为部分代码,运行界面如图 9.41 所示。

```
pro Growth_monitoring
......
for i = 0 , nb1-1 do begin
  data1=envi_get_data(FID=fid1 , DIMS=dims1 , POS=i)
  data2=envi_get_data(FID=fid2 , DIMS=dims2 , POS=i)
  index1=where(data1 gt 0 , count1)
  if count1 gt 0 then mean_data1[i]=mean(data1[index1])
```

```
index2＝where(data2 gt 0 , count2)

if count2 gt 0 then mean_data2[i]＝mean(data2[index2])

index3＝where(data2 gt 0 and data1 gt 0 , count3)

ratio[index3]＝data1[index3]/data2[index3]

index4＝where(data1 le 0 or data2 le 0 , count4)

if count4 gt 0 then ratio[index4]＝0

index5＝where(ratio gt 1.15 , count5)        ;水稻生长比多年平均水平好

if count5 ne 0 then temp[index5]＝1

index6＝where(ratio gt 1.05 and ratio le 1.15 , count6)   ;水稻生长比多年平均水平稍好

if count6 ne 0 then temp[index6]＝2

index7＝where(ratio ge 0.95 and ratio le 1.05 , count7)   ;水稻生长与多年平均水平相当

if count7 ne 0 then temp[index7]＝2

index8＝where(ratio ge 0.85 and ratio lt 0.95 , count8)   ;水稻生长比多年平均水平稍差

if count8 ne 0 then temp[index8]＝4

index9＝where(ratio lt 0.85 , count9)   ;水稻生长比多年平均水平差

if count9 ne 0 then temp[index9]＝1

;输出符合条件像元的影像

openw , lun , outfilename ,/get_lun & writeu , lun , temp & FREE_LUN , lun

endfor

    ……

end
```

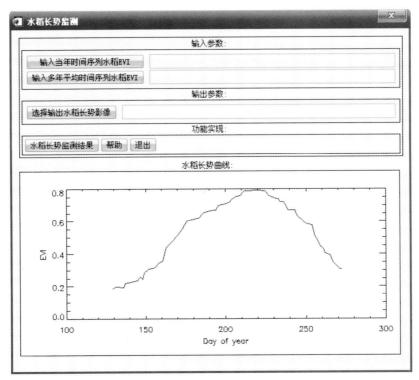

图 9.41　水稻长势监测界面

Fig. 9.41　Interface of growth status monitoring of paddy rice

本系统监测出来的水稻长势情况是以影像的形式输出的,该影像图是二进制格式。如果有地面实测数据,将水稻长势遥感监测结果与样点实测数据进行比较,分析两者之间的差异,可以验证监测精度,下面为部分代码和实现界面(见图 9.42)。

```
FUNCTION RGB2IDX, RGB        ;定义颜色
    COMPILE_OPT idl2
    RETURN, rgb[0] + (rgb[1] * 2L^8) + (rgb[2] * 2L^16)
END
pro plot_monitoring_assess, Widget, real, rs, stan
    ......
    DEVICE, Decomposed=1      ;重新设置颜色
    !p.background=RGB2IDX([255, 255, 255])
    !p.color = 0
    bz = double(real/rs)
    plot, stan, bz, PSYM=2, xtitle='Measured ratio', ytitle='RS-derived ratio'
    oplot, stan, stan
    ......
end
```

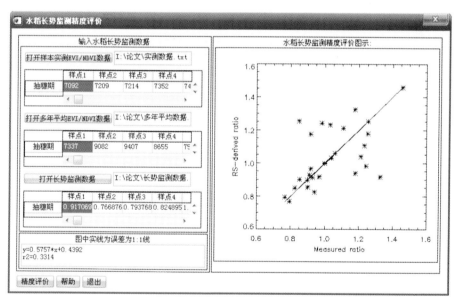

图 9.42　水稻长势监测精度评价界面

Fig.9.42　Interface of accuracy assessment for growth status monitoring of paddy rice

9.6　水稻产量遥感预报

以各预报单元水稻单产为因变量,各预报单元各生育期或者不同时间的 EVI 或 NDVI 平均值为自变量,采用逐步回归方法,建立水稻单产预报模型,并开展水稻产量预报。下面为其代码和实现界面(见图 9.43)。

```
pro prediction_formulate
    ;open shape 文件
```

```
; Get the number of entities and the entity type
shape_file＝shape_file
shape_file_obj ＝ OBJ_NEW('idlffshape', shape_file)
shape_file_obj －>Getproperty , N_ENTITIES＝num_ent , $
  ENTITY_TYPE＝ent_type , ATTRIBUTE_NAMES＝fieldnames
;寻找属性表中 name 字段检索,并且根据检索得到县名称
name_index＝where(fieldnames eq 'NAME')
;定义数组 sAllName 来存储各个县的名字
sAllName＝strarr(num_ent) ＆ syearname＝lonarr(num_ent)
for year＝iBeginYear , iEndYear do begin
  year1＝year－iBeginYear ＆ si＝strtrim(string(year), 2)
  for i＝0 , N_ELEMENTS(fieldnames)－1 do begin
    if (STRCMP(fieldnames[i], si ,/FOLD_CASE) eq 1) then flag＝1
  endfor
endfor
row＝(iendday－ibeginday)/8＋1 ＆ column＝(iEndYear－iBeginYear＋1) * num_ent
multi_year_evi＝lonarr(column , row)
yield＝lonarr(column) ＆ place_data＝lonarr(ns , nl)
num＝0
for day＝iBeginday , iEndday , 8 do begin
  r＝(day－iBeginday)/8 ＆ total_index＝0
  for year＝iBeginYear , iEndYear do begin
    year1＝year－iBeginYear ＆ si＝strtrim(string(year), 2)
    year_index＝where(fieldnames eq si)
    for ent＝0 , num_ent－1 do begin
    ; Could add the attributes keyword here.
        this_entity ＝ shape_file_obj －> GetEntity(ent)
        these_vertices ＝ * (this_entity. vertices)     ;实体的顶点
        aAllAttrib＝shape_file_obj －>GetAttributes(ent)
        sAllName[ent]＝aAllAttrib. (name_index)
        syearname[ent]＝aAllAttrib. (year_index)
        ENVI_DELETE_ROIS ,/all
        roi_id ＝ ENVI_CREATE_ROI(ns＝ns , nl＝nl , color＝4 , name＝'polygons')
;这里是转换成文件坐标
        ENVI_CONVERT_FILE_COORDINATES , fid , xvalue , yvalue , $
          reform(these_vertices[0 , * ]), reform(these_vertices[1 , * ])
        xmin＝min(xvalue) ＆ xmax＝max(xvalue)
        ymin＝min(yvalue) ＆ ymax＝max(yvalue)
        ENVI_DEFINE_ROI , roi_id ,/polygon , $
          xpts＝reform(xvalue), ypts＝reform(yvalue)
        roi_ids ＝ envi_get_roi_ids(fid＝fid)
        place_data ＝ envi_get_roi_data(roi_id[0], fid＝fid , pos＝r＋row * year1)
        idx ＝ where(place_data GT 0 , count)
```

```
            if count gt 0 then    data_m = place_data[idx]
            multi_year_evi[total_index , num] = mean(data_m)
            yield[total_index] = syearname[ent]
            envi_file_mng , id = roi_id ,/remove
            total_index = total_index + 1
        endfor    ;第二层循环结束
      endfor
      num = num + 1
    endfor
    txtname = outfilename
    openw , lun , txtname ,/get_lun , width = fix(total_index) * 100 & free_lun , lun
    x = multi_year_evi & y = yield
    ROW_LABELS_values0 = strtrim(string(indgen(row) * 8 + iBeginday) , 2)
    xx = ROW_LABELS_values & yy = lonarr(column , row + 1)
    yy[ * , 0:(row-1)] = x & yy[ * , row] = y
;生成水稻产量预报模型
    IMSL_STEPWISE , x , y , Coef_T_Tests = Coef_T_Tests , $
        Anova_Table = anova_table , swept = swept ,/STEPWISE
    in = where(swept gt 0 , count)
    c_arr = make_array(n_elements(in) , 1 ,/string , value = ')
    ROW_LABELS_values00 = indgen(n_elements(in))
    constant = constant
    yy0 = make_array(row , 4 ,/string , value = ')
    yy0[ * , 0] = c_arr & yy0[0 , 1] = strtrim(string(constant) , 2)
    yy0[0 , 2] = strtrim(string(double(anova_table[10]/100)) , 2)
;获取时间序列 EVI 图像的信息
    bb = (endday - startday)/8 + 1
    mean_data1 = fltarr(nb1)
    for i = 0 , nb1 - 1 do begin
      data1 = envi_get_data(FID = fid1 , DIMS = dims1 , POS = i)
      index1 = where(data1 gt 0 , count1)
      if count1 gt 0 then begin
        mean_data1[i] = mean(data1[index1])
      endif
    endfor
    swept0 = double(nb1) * 0 & swept1 = double(nb1) * 0 & swept2 = double(nb1) * 0
    in = where(swept gt 0 , count)
    swept0 = double(Coef_T_Tests[[in] , 0])
    swept1 = mean_data1[in]
    swept2 = swept0 * swept1
;预报产量
    predict_yield = constant + total(swept2)
end
```

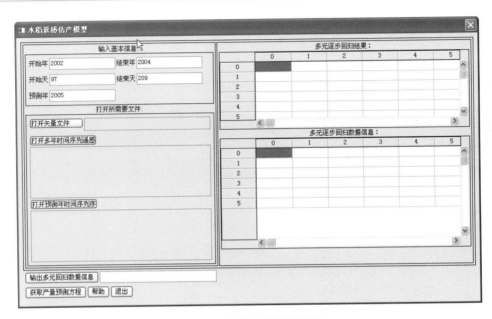

图 9.43　水稻产量预测界面

Fig. 9.43　Interface of rice yield prediction

利用该功能进行水稻产量预测时,要注意以下四点内容。

(1)运行后,产量预测方程信息及产量预测结果会显示在窗体右上侧的表格中,逐步回归数据信息会显示在窗体右下侧的表格中。

(2)输出的逐步回归数据信息格式为.txt 文件。排列顺序为:每一列为各预报单元对应时间的 EVI/NDVI 平均值,最后一行为各预报单元对应时间的水稻单产。

(3)逐步回归结果如图 9.44 右上侧表格所示,列标题表示逐步回归方程的自变量,系数

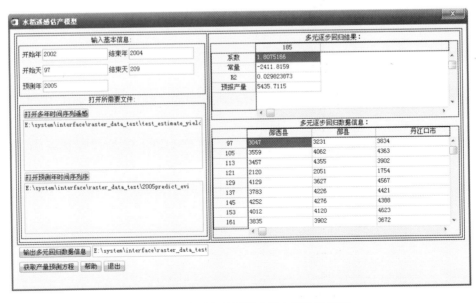

图 9.44　水稻产量预测功能应用示例界面

Fig. 9.44　Interface of the implementation example for rice yield prediction

为对应的自变量的系数,其回归方程可以写作 $y=-2411.82+1.81x_{185}$。R^2 为回归分析的决定系数。

(4)根据回归分析方程和预测年时间序列遥感影像(EVI/NDVI 影像)预测研究区的产量。

通过分析遥感预报水稻单产和统计单产之间的吻合程度,可以进行预报模型评价。下面为部分代码,图9.45为水稻产量预测精度评价界面。

```
FUNCTION RGB2IDX, RGB    ;定义颜色
    COMPILE_OPT idl2
    RETURN, rgb[0] + (rgb[1] * 2L^8) + (rgb[2] * 2L^16)
END
pro plot_yeild_assess, Widget
    ……
    DEVICE, Decomposed=1        ;重新设置颜色
    ! p. background=RGB2IDX([255,255,255])
    ! p. color = 0
    mmin=min([min(sta_yeild), min(rs_yeild)])
    mmax=max([max(sta_yeild), max(rs_yeild)])
    plot, sta_yeild, rs_yeild, PSYM=4, xtitle='rice statistics yield(t/ha)' $ ;
        ytitle='forecasting yield(t/ha)', $            ;绘制散点
        xrange=[mmin, mmax], yrange=[mmin, mmax]
    oplot, sta_yeild, sta_yeild                        ;绘制 1∶1 线
    ……
end
```

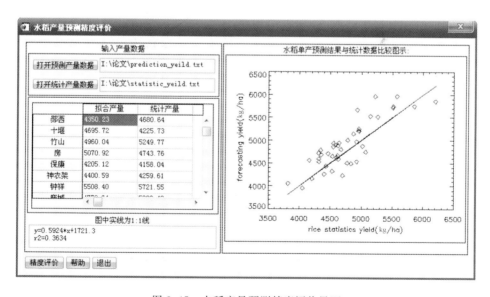

图 9.45　水稻产量预测精度评价界面

Fig. 9. 45　Interface of the accuracy assessment for yield prediction for paddy rice

9.7　水稻遥感信息提取成果表达

下面以水稻分蘖期长势监测图为例说明水稻遥感信息提取成果表达。

根据水稻分蘖期长势监测图的窗体提示打开水稻长势影像文件,该文件只有 6 类像元,其中 DN 值分别代表与多年平均长势的比较情况(具体请看水稻长势监测)。1 代表长势好,2 代表长势稍好,3 代表长势相当,4 代表长势稍差,5 代表长势差,DN 值等于 0 时为背景值。并且填写要绘制水稻空间分布图的年份和种植制度(单季稻、早稻和晚稻)。最后运行,单击"生成图像"。

```
pro map_growth_cs
    ......
    owindow＝obj_new('IDLgrWindow', dimensions＝[800,600], retain＝2, title＝title)
    oView＝OBJ_NEW('IDLgrView', ViewPlane_Rect＝[0,0,800,600], color＝[255,255,255])
    otopModel＝OBJ_NEW('IDLgrModel')    ;顶端原子对象
    imageModel＝OBJ_NEW('IDLgrModel')    ;显示栅格影像
    oshapemodel＝OBJ_NEW('IDLgrModel')    ;显示矢量图像
    mymodel＝OBJ_NEW('IDLgrModel')    ;显示图例
    txtmodel＝OBJ_NEW('IDLgrModel')    ;显示标题
    otopModel->add, [imageModel, oshapemodel, mymodel, txtmodel]
    ;读取 shp 结构体
    ......
    ; 绘制 shp 图
    templot＝OBJ_NEW('IDLgrPolyline', ((*ent.vertices)[0,*]－minx)*800/(maxx－minx), $
        ((*ent.vertices)[1,*]－miny)*600/(maxy－miny), POLYlineS＝POLYlineS, $
        color＝[0,0,0], alpha_channel＝1)
    oshapemodel->add, templot
    ;定义颜色表
    r＝bytarr(256)
    g＝r & b＝g & r[1]＝255 & g[1]＝0 & b[1]＝0
    oPalette＝OBJ_NEW('IDLgrpalette', r, g, b)
    index0＝0 & index1＝1 & index2＝2 & index3＝3 & index4＝4 & index5＝5
    N_COLORS＝fix(256)
    oPalette->IDLgrpalette::getProperty, N_COLORS＝N_COLORS
    oPalette->IDLgrpalette::SetRGB, Index0, 255, 255, 255    ;设置不同颜色
    ......
    itemNameArr ＝ ['null','better than mean multi-years growing',
        'little better than mean multi-years growing','almost same with mean multi-years growing', $
        'slightly less than mean multi-years growing','not good with mean multi-years growing']
    mytitle ＝ OBJ_NEW('IDLgrText', 'legend')
    maptitle＝ OBJ_NEW('IDLgrText', title)
    mypattern1 ＝ OBJ_NEW('IDLgrPattern', 0)
    ;定义图例
    myLegend＝OBJ_NEW('IDLgrLegend', itemNameArr, TITLE＝mytitle, $
```

```
TEM_TYPE=[1,1,1,1,1,1],$
ITEM_COLOR =[[255,255,255],[0,255,0],[255,0,0],[0,0,255],[255,0,255],
[255,255,0]],$ ITEM_OBJECT=[mypattern1],GLYPH_WIDTH=2.0)
```

mymodel ->Add , mylegend   ;绘制图例

txtmodel ->Add , maptitle   ;绘制标题

oImage=OBJ_NEW(IDLgrimage, palette=opalette, imagedata, order=1);绘制栅格图

oImage ->setproperty , data=imagedata , location=[0,0], dimensions=[800,600]

imageModel ->add , oImage

oView ->setproperty , ViewPlane_Rect=[0,0,800,600]

oView ->add , otopModel

dims = mylegend ->ComputeDimensions(owindow)

;调整图像大小

mymodel ->Translate , -(dims[0])+780 , -(dims[1])+550 , 0

txtmodel ->Translate , -(dims[0])+450 , -(dims[1])+680 , 0

owindow ->draw , oView

......

end

图 9.46 为系统自动绘制出的水稻分蘖期长势监测图。绿色代表长势好于平均水平,红色代表长势稍好于平均水平,蓝色代表长势与平均水平相当,粉色代表长势稍差于平均水平,黄色代表长势比平均水平差。

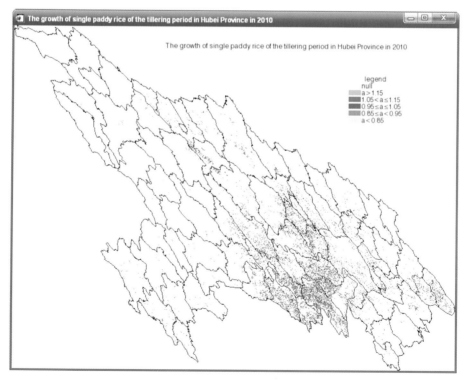

图 9.46　2010 年湖北省单季稻分蘖期长势监测

Fig. 9.46　The growth status of single paddy rice at the tillering stage in Hubei Province in 2010

9.8 本章小结

本章参考国内外有关水稻信息遥感提取方法,采用 IDL 语言和 ENVI 二次开发技术相结合,设计水稻遥感信息提取数据流程、结构和模块;开发水稻遥感信息提取预处理模块、面积信息提取模块、生育期识别模块、长势监测模块、产量预报模块和结果输出模块;可以提高数据处理速度,实现大面积水稻遥感信息提取。

参考文献

Abou-Ismail O，Huang J F，Wang R C. 2004. Rice yield estimation by integrating remote sensing with rice growth simulation model. Pedespere,14(4):519-526.

Aggarwal P K. 1995. Uncertainties in crop，soil and weather inputs used in growth models：implications for simulated outputs and their applications. Agricultural Systems,48(3):361-384.

AGI. 1991. GIS Dictionary：An Alphabetical List of the Terms and Their Definitions Relating to the Effective Use of Geographic Information and Its Associated Technologies. London：Association for Geographic Information.

Angstrom A. 1924. Solar and terrestrial radiation. Quarterly Journal of the Royal Meteorological Society,50:121.

Arko L. 2004. Uncertainties in segmentation and their visualization. Utrecht：Universiteit Utrecht，Dissertation.

Aronoff S. 1985. The minimum accuracy value as an index of classification accuracy. Photogrammetric Engineering and Remote Sensing,51(1):593-600.

BADC. 2004. Met office surface data users guide. http://badc. nerc. ac. uk/data/ukmo-midas/ukmo_guide. html.

Barnsley M J，Barr S L. 1996. Inferring urban land use from satellite sensor images using kernel-based spatial reclassification. Photogrammetric Engineering and Remote Sensing,62:949-958.

Berk A，Bernstein L S，Anderson G P，et al. 1998. MODTRAN cloud and multiple scattering upgrades with application to AVIRIS. Remote Sensing of Environment,65:367-375.

Burrough P A. 1986. Principles of Geographical Information Systems for Land Resources Assessment. Oxford：Clarendon Press.

Burrough P A. 1989. Matching spatial databases and quantitative models in land resource management. Soil Use and Management,5:3-8.

Campbell N A. 1984. Some aspects of allocation and discrimination. In Vark G N,Howells W W（eds.）：Multivariate Statistical Methods in Physical Anthropology. Dordrecht：Reidel,177-192.

Chen J，Jonsson P，Tamura M，et al. 2004. A simple method for reconstructing a high-quality NDVI time-series data set based on the Savitzky-Golay filter. Remote Sensing of Environment,91:332-344.

Chen J M，Pavlic G，Brown L，et al. 2002. Derivation and validation of Canada-wide coare-resolution leaf area index maps using high-resolution satellite imagery and ground measurements. Remote Sensing of Environment，80(1):165-184.

Cihlar J. 1996. Identification of contaminated pixels in AVHRR composite images for studies of land biosphere. Remote Sensing of Environment，56:149-153.

Clevers J G P W. 1989. The application of a weighted infrared-red vegetation index for estimating leaf area index by correcting for soil moisture，Remote Sensing of Environment，29(1):25-37.

Clevers J G P W，Vonder O W，Jongschaap R E E，et al. 2002. Using SPOT data for calibrating a wheat growth model under mediterranean conditions. Agronomie，22:687-694.

Congalton R G，Green K. 1999. Assessing the Accuracy of Remotely Sensed Data: Principles and Practices. Boca Raton : Lewis Publishers.

Crist E P. 1985. A TM tasseled cap equivalent transformation for reflectance factor data. Remote Sensing of Environment，17:301-306.

David L W. 1997. An accuracy comparison of assorted GPS models and comments on averaging. http://www. erols. com/dlwilson/.

Doraiswamy P C，Hatfield J L，Jacksona T J，et al. 2004. Crop condition and yield simulations using Landsat and MODIS. Remote Sensing of Environment，92:548-559.

Drummond J. 1995. Positional accuracy. In Guptill S C，Morrison J L(eds.): Elements of Spatial Data Quality. Oxford:Elsevier Science Ltd,31-58.

Durr C，Gutrif M，Brochery F，et al. 1999. Study of crop establishment effects on subsequent growth using a crop growth model (SUCROS). E. S. A. International Symposium of Modeling Cropping Systems B, Lleida(Spain).

Fayyad U，et al. 1996. The KDD process for extracting useful knowledge from volumes of data. Communications of the SCM,39(11):27-34.

Fisher P F. 1994. Visualization of the reliability in classified remotely sensed images. Photogrammetric Engineering and Remote Sensing,60:905-910.

Fisher P F. 1997. The pixel: a snare and a delusion. International Journal of Remote Sensing,18:679-85.

Foody G M，Campbell N A，Trodd N M，et al. 1992. Derivation and applications of probabilistic measures of class membership from maximum likelihood classification. Photogrammetric Engineering and Remote Sensing,58(9):1335-1341.

Foody G M，Cox D P. 1994. Sub-pixel land cover composition estimation using a linear mixture model and fuzzy membership functions. International Journal of Remote Sensing,15:619-631.

Foody G M. 1995. Cross-entropy for the evaluation of the accuracy of a fuzzy land cover classification with fuzzy ground data. ISPRS Journal of Photogrammetry and Remote Sensing,50(5):2-12.

Foody G M. 1996a. Approaches for the production and evaluation of fuzzy land cover classifications from remotely-sensed data. International Journal of Remote Sensing,17: 1317-1340.

Foody G M. 1996b. Fuzzy modeling of vegetation from remotely sensed imagery. Ecological Modelling,85:3-12.

Foody G M. 1996c. Relating the land-cover composition of mixed pixels to artificial neural network classification output. Photogrammetric Engineering and Remote Sensing,62: 491-499.

Foody G M, Lucas R M, Curran P J, et al. 1997. Non-linear mixture modeling without end-members using an artificial neural network. International Journal of Remote Sensing,18:937-954.

Foody G M, Boyd D S. 1999. Fuzzy mapping of tropical land cover along an environmental gradient from remotely sensed data with an artificial neural network. Journal of Geographical System,1:23-35.

Foody G M, Atkinson P M. 2003. Uncertainty in Remote Sensing and GIS. Hoboken: Wiley.

Forshaw M R B, Haskell A, Miller P F, et al. 1983. Spatial resolution of remotely sensed imagery: a review paper. International Journal of Remote Sensing,4:371-83.

Foschi P E, Smith D K. 1997. Detecting sub-pixel woody vegetation in digital imagery using two artificial intelligence approaches. Photogrammetric Engineering and Remote Sensing,63:493-500.

Gillian L G, John F M, Jerry M, et al. 2008. Wavelet analysis of MODIS time series to detect expansion and intensification of row-crop agriculture in Brazil. Remote Sensing of Environment,112:576-587.

Goodchild M F, Gopal S. 1989. The Accuracy of Spatial Databases. London: Taylor & Francis.

Goodchild M F, Guoqing S, Shiren Y. 1992. Development and test of an error model for categorical data. International Journal of Geographical Information Systems,6(2): 87-104.

Groten S M E. 1993. NDVI-crop monitoring and early yield assessment of Burkina Faso. International Journal of Remote Sensing,14(8):1495-1515.

Guptill S C. 1995. Element of Spatial Data Quality. Amsterdam: Elsevier.

Haan J F, Hovenier J W, Kokke J M M, et al. 1991. Removal of atmospheric influences on satellite-borne imagery: a radiative transfer approach. Remote Sensing of Environment, 37:1-21.

Han J, Kamber M. 2001. Data Mining: Concepts and Techniques. Beijing: High Education Press.

Hansen P M, Schjoerring J K. 2003. Reflectance measurement of canopy biomass and nitrogen status in wheat crops using normalized difference vegetation indices and partial least squares regression. Remote Sensing of Environment,86:542-553.

Heuvelink G，Burrough P. 1993. Error propagation in cartographic modelling using boolean logic and continuous classification. International Journal of Geographical Information Systems,7:231-246.

Jin I Y. 2003. Predicting regional rice production in Republic of Korea using spatial data and crop-growth modeling. Agricultural Systems,77:23-38.

Jongschaap R E E. 2006. Run-time calibration of simulation models by integrating remote sensing estimates of leaf area index and canopy nitrogen. European Journal of Agronomy,24:328-336.

Jönsson P，Eklundh L. 2002. Seasonality extraction by function fitting to time-series of satellite sensor data. IEEE Transactions on Geoscience and Remote Sensing,40(8): 1824-1832.

Kaufman Y. 1989. The atmospheric effect on remote sensing and its correction. Theory and Application of Optical Remote Sensing. New York:Wiley,336-428.

Kneizys F X，Shettle E P，Gallery W O，et al. 1983. Atmospheric Transmittance/ Radiance：Computer Code LOWTRAN 6. Supplement：Program Listings.

Launay M，Guerif M. 2003. Ability for a model to predict crop production variability at the regional scale：an evaluation for sugar beet. Agronomie,23:135-146.

Lu X，Liu R，Liu J，et al. 2007. Removal of noise by wavelet method to generate the high quality time series of terrestrial MODIS products. Photogrammetric Engineering and Remote Sensing,73(10):1129-1139.

Martorana F，Bellocchi G. 1999. A review of methodologies to evaluate agro-ecosystem simulation models. Italian Journal of Agronomy,3:19-39.

Maselli F，Conese C，Petkov L. 1994. Use of probability entropy for the estimation and graphical representation of the accuracy of maximum likelihood classifications. ISPRS Journal of Photogrammetry and Remote Sensing,49:13-20.

Metselaar K. 1999. Auditing predictive models：a case study in crop growth. Wageningen： Wageningen Agricultural University，Dissertation.

Mutanga O. 2004. Hyperspectral remote sensing of tropical grass quality and quantity. The Netherlands：University of Groningen，Dissertation.

Nonhebel S. 1994. Inaccuracies in weather data and their effects on crop growth simulation results. I. Potential production. Climate Research,4:47-60.

Pathirana S，Fisher P F. 1991. Combining membership grades in image classification. ACSM-ASPRS Annual Convention,3:303-311.

Paulsson B. 1992. Urban applications of satellite remote sensing and GIS analysis. Urban Management Programme Discussion Paper 9. Washington DC：The World Bank,60.

Pax-Lenney M，Woodcock C E，Macomber S A，et al. 2001. Forest mapping with a generalized classifier and Landsat TM data. Remote Sensing of Environment,77(3): 241-250.

Revfeim K J A. 1997. On the relationship between radiation and mean daily sunshine.

Agricultural and Forest Meteorology,86:183-191.

Richard F, Chris B, Sylvain L, et al. 2003. Landsat5 TM and Landsat7 ETM+ based accuracy assessment of leaf area index products for Canada derived from SPOT4 VEGETATION data. Canadian Journal of Remote Sensing,29(2):241-258.

Richter O, Söndgerdth D. 1990. Parameter Estimation in Ecology: The Link between Data and Models. Weinheim:VCH Publishers.

Richter R. 1990. A fast atmospheric correction algorithm applied to Landsat TM images. International Journal of Remote Sensing,11(1):159-166.

Rivington M, Matthews K B, Buchan K. 2002. A comparison of methods for providing solar radiation data to crop models and decision support systems. Proceedings of the International Environmental Modelling and Software Society,3:193-198.

Rivington M, Matthews K B, Buchan K. 2003. Quantifying the uncertainty in spatially explicit landuse model predictions arising from the use of substituted climate data. Proceedings of MODSIM 2003 International Congress on Modelling and Simulation: Integrative Modelling of Biophysical, Social and Economic Systems for Resource Management Solutions,4:1528-1533.

Rivington M, Matthews K B, Bellocchi G, et al. 2006. Evaluating uncertainty introduced to process-based simulation model estimates by alternative sources of meteorological data. Agricultural Systems,88:451-471

Sakamoto T, Yokozawa M, Tritani H, et al. 2005. A crop phenology detection method using time-series MODIS data. Remote Sensing of Environment,96(3):366-374.

Schaal L A, Dale R F. 1977. Time of observation temperature bias and climate change. Journal of Appicatioall Meteorology,16:215-222.

Shin D, Pollard J K, Muller J P. 1997. Accurate geometric correction of ATSR images. IEEE Transactions on Geoscience and Remote Sensing,35(4):997-l006.

Smith J L, Kovalick B. 1985. A comparison of the effects of resampling before and after classification on the accuracy of a Landsat derived cover type map. Proceedings of the International Conference of the Remote Sensing Society and the Center for Earth Resources Management,391-400.

Song C, Woodcock C E, Seto K, et al. 2001. Classification and change detection using Landsat TM data: when and how to correct atmospheric effects. Remote Sensing of Environment,75(2):230-244.

Specht D F. 1990. Probabilities neural networks. Neural Networks,3(1):109-118.

Story M, Congalton R G. 1986. Accuracy assessment: a user's perspective. Photogrammetric Engineering and Remote Sensing,52(3):397-399.

Suehrcke H. 2000. On the relationship of sunshine and solar radiation on the earth's surface: angstroms equation revisited. Solar Energy,68(5):417-425.

Sun H S, Huang J F, Huete A R, et al. 2009. Mapping paddy rice with multi-date moderate-resolution imaging spectroradiometer (MODIS) data in China. Journal of

Zhejiang University Science A,10(10):1509-1522.

Tanre D, Deroo C, Duhaut P, et al. 1990. Description of a computer code to simulate the satellite signal in the solar spectrum: the 5S code. International Journal of Remote Sensing,11(4):659-668.

Thierry B, Lowell K. 2001. An uncertainty-based method of photointerpretation. Photogrammetric Engineering and Remote Sensing,67(1):65-72.

Thornton M W, Atkinson P M, Holland D A. 2006. Sub-pixel mapping of rural land cover objects from fine spatial resolution satellite sensor imagery using super-resolution pixel-swapping. International Journal of Remote Sensing,27(3):473-491.

Trnka M, Eitzinger J, Kapler P, et al. 2005. Uncertainty in the global solar radiation data, its propagation in crop models and consequences for the spatial analysis. Geophysical Research Abstracts,7:708-740.

Vapnik V. 1995. The Nature of Statistical Learning Theory. New York:Springer.

Vermote E F, Tanré D, Deuzé J L, et al. 1997. Second simulation of the satellite signal in the solar spectrum, 6S: an overview. Geoscience and Remote Sensing,35(3):675-686.

Viovy N, Arino O, Belward A. 1992. The best index slope extraction(BISE): a method for reducing noise in NDVI time-series. International Journal of Remote Sensing,13(8): 1585-1590.

Wang F. 1990. Improving remote sensing image analysis through fuzzy information representation. Photogrammetric Engineering and Remote Sensing,56:1163-1169.

Wang H, Ellis E C. 2005. Image misregistration error in change measurements. Photogrammetric Engineering and Remote Sensing,71(9):1037-1044.

Xiao X M, Boles S, Frolking S, et al. 2006. Mapping paddy rice agriculture in South and Southeast Asia using multi-temporal MODIS images. Remote Sensing of Environment, 100(1):95-113.

Zhang J, Foody G M. 1998. A fuzzy classification of sub-urban land cover from remotely sensed imagery. International Journal of Remote Sensing,19(14):2721-2738.

Zhang J, Foody G M. 2001. Fully-fuzzy supervised classification of sub-urban land cover from remotely sensed imagery: statistical and artificial neural network approaches. International Journal of Remote Sensing,22(4):615-628.

Zhao M S, Running S W. 2006. Sensitivity of moderate resolution imaging spectroradiometer (MODIS) terrestrial primary production to the accuracy of meteorological reanalyses. Journal of Geophysical Research,111:1-13.

程乾. 2004. MODIS 数据提高水稻卫星遥感估产精度稳定性机理与方法的研究. 浙江大学博士学位论文.

戴泳. 2007. 知识发现与知识挖掘技术及其应用. 科技情报开发与经济,17(26):184-185.

冯秀丽. 2006. 基于 SPOT5 影像的 1:1 万土地利用更新调查关键技术研究. 浙江大学博士学位论文.

葛咏,王劲峰,梁怡,等. 2004. 遥感信息不确定性研究. 遥感学报,8(4):339-348.

葛咏,王劲峰,梁怡,等.2006.遥感影像配准误差传递模型及模拟分析.遥感学报,10(3):299-305.

黄敬峰.1999.基于GIS的大面积水稻遥感估产方法研究——以浙江省为例.浙江大学博士学位论文.

廖国男等.1985.大气辐射导论.北京:气象出版社.

刘旭拢,何春阳,潘耀忠,等.2006.遥感图像分类精度的点、群样本检验与评估.遥感学报,10(3):366-372.

秦益,田国良.1994.NOAA-AVHRR图像大气影响校正方法研究及软件研制.环境遥感,9(1):11-22.

田庆久,郑兰芬,童庆喜.1998.基于遥感影像的大气辐射校正和反射率反演方法.应用气象学报,9(4):456-461.

王建,潘竟虎,王丽红.2002.基于遥感卫星图像的ATCOR2快速大气校正模型及应用.遥感技术与应用,17(4):193-197.

辛宪会.2005.支持向量机理论、算法与实现.解放军信息工程大学硕士学位论文.

曾玉平,张勇.2004.中国农产量抽样调查的发展历程.中国统计,(3):14-16.

张友水,原立峰,姚永慧.2007.多时相MODIS影像水田信息提取研究.遥感学报,11(2):282-288.

张兆明,何国金.2008.Landsat5 TM数据辐射定标.科技导报,26(7):54-58.

章孝灿,黄智才,赵元洪.2003.遥感数字图像处理.杭州:浙江大学出版社.

赵英时等.2004.遥感应用分析原理与方法.北京:科学出版社.

郑伟,曾志远.2004.遥感图像大气校正方法综述.遥感信息,4:66-70.

周秀骥,陶善昌,姚克亚,等.1996.高等大气物理学(下册).北京:气象出版社.

索 引